インプレスR&D [NextPublishing] New Thinking and New Ways
E-Book / Print Book

プログレッシブウェブアプリ

PWA
開発入門

柴田 文彦 | 著

いま注目の最新Web技術、
PWAをわかりやすく解説。

はじめに

　PWA（Progressive Web Apps）は、その基本となる発想は古くからあったものの、それがPWAという名前で呼ばれ、日の目を見るようになったのは2015年以降という、かなり新しい技術です。あまりに新しくて、まだまだ発展の途上であり、規格自体も確定していない部分が少なくない状態です。それを中心に据えたプログラミング入門書を今の段階で執筆し、読んでいただくというのは時期尚早ではないかと思われるかもしれません。しかしPWAは、発展途上でありながらも、すでにどしどし実際に使われている技術なのです。しかもその影響力は、かなりの勢いで拡大しつつあり、PWAとして動作するウェブアプリがインターネット上で増殖を始めています。発展途上と言い出せば、PWAに限らず、そもそもウェブ関連の技術自体が、常に発展途上だとも考えられます。仕様が確定するのを待っていたら、いつまで経っても開発に着手できず、その間に世の中はどんどん進んでしまうのは間違いありません。これからウェブアプリを開発する人は、すべてPWAとして設計すべきであると断言できるほどの状況に、もうすでになっているのです。さらに本文でも述べているように、ウェブアプリだけでなく、一種のネイティブアプリの開発手法の1つとして、PWAの技術を利用しようという動きも出てきました。PWAは、携帯電話やタブレットといったモバイルデバイス用だけでなく、デスクトップPC用も含めたアプリの開発技術を根こそぎ変革し、新しいエコシステムを作る可能性さえ見せ始めました。

　本書は、ウェブに限らず、さまざまなプラットフォームのアプリの開発者、あるいはこれからアプリ開発に取り組みたいと考えている人を対象として書いたつもりです。第1章から第2章までの前半は、PWAとは何か、ということから始めて、PWAの基本的なしくみについて解説しています。この部分は、特にプログラミングの経験がなくても理解していただき、PWAの基礎知識としてお役立ていただけるものと思います。第3章以降では、PWAの具体的なプログラミングに取り組みます。その際の前提条件として

は、基本的なウェブアプリの開発の経験があること、あるいはその要素技術であるHTML、CSS、JavaScriptを一通り理解していることを想定しています。そこでは、既存のウェブアプリをPWAとして動作するものに改変し、サーバー上で公開して、ユーザーのデバイスにインストールしてもらえるようなものにするまでの過程を取り上げました。ウェブアプリとして2つのパターンを用意して、順を追ってプログラミングの手順を解説しています。内容はあくまで入門レベルのものですが、実例を見たり、追体験することによって、読者の今後のPWA開発のための足がかりとしていただけるものと信じています。

2018年早春　柴田文彦

サンプルプログラムのダウンロード方法

本書で解説しているサンプルプログラムは以下のURLからダウンロードすることができます。

https://drive.google.com/file/d/1jAS9I-st3pZiNgXB42XOTnmNt4SzzhjO/view?usp=sharing

このダウンロードサービスはあくまで読者サービスの一環として実施するもので、利用期間を保証できないことをあらかじめご了承ください。

なお、ここで提供するソースコード、および本書に掲載したソースコードの著作権は、本書の著者（柴田文彦）が保有しています。これらのソースコードは、本書の内容を理解するための参考として提供するものであり、読者は個人として自由に利用することができます。これらのソースコードの一部を、本書の内容の学習以外の目的で流用したり、開示したりする際には、これらのソースコードの出所、著作権を明示してください。どのような状況であれ、これらのソースコードを読者が利用したことによって生じた損害について、本書の著者および出版社はいっさいの責任を負いません。

これらのソースコードは、本書に記載した条件で、本書の執筆時点での動作を、著者自身が確認していますが、さまざまな状況の変化などによって、将来動作しなくなる可能性もあります。したがって読者の環境で、読者の試行時における動作を保証することはできません。また、将来にわたって動作させるための変更点に関する情報を提供することもできません。現状のまま、利用可能な範囲で利用していただくことを前提で配布するものです。ダウンロードのURLが永続的に有効であることも保証できません。これらの条件に同意できる場合のみ、ご利用ください。

| 目次 |

はじめに 2

第1章　プログレッシブ・ウェブ・アプリ（PWA）の概要 7

1-1　プログレッシブ・ウェブ・アプリ（PWA）とは 7

1-2　「プログレッシブ」の意味 9

1-3　PWA の目的 10

1-4　PWA の効果 11

第2章　PWA の構成要素 15

2-1　ブラウザー 15

2-2　ウェブサーバー 16

2-3　Service Worker 18

2-4　Manifest 18

2-5　キャッシュ 19

2-6　ストレージ 20

2-7　アイコン 21

第3章　PWA 開発の実際 22

3-1　基本的な温度コンバーターアプリの作成 22

    3-1-1　ウェブアプリの概要 22

    3-1-2　HTML ファイルの作成 25

    3-1-3　CSS ファイルの作成 27

    3-1-4　JavaScript ファイルの作成 29

    3-1-5　アプリの動作確認 30

3-2　ローカルウェブサーバーの利用 32

3-3　Service Worker の記述 35

3-4　Manifest の記述 43

3-5　PWA 化のための index.html の修正 47

3-6　ホーム画面へのインストール 50

3-7　基本的な RSS リーダーアプリの作成 57

    3-7-1　ウェブアプリの概要 57

    3-7-2　HTML ファイルの作成 60

	3-7-3	CSS ファイルの作成	65
	3-7-4	JavaScript ファイルの作成	71
	3-7-5	RSS リーダーの動作確認	83
3-8	RSS リーダーアプリの PWA 化		88
	3-8-1	Service Worker の記述	88
	3-8-2	Manifest の記述	97
	3-8-3	HTML の修正	99
	3-8-4	JavaScript の修正	102
	3-8-5	PWA としての動作チェック	112

第4章　PWA のデバッグ 118

4-1	Google Chrome の Application パネルを利用する	119
4-2	Manifest ペーンで Manifest の設定を確認する	121
4-3	Service Worker ペーンで Service Worker の動作を確認する	125
4-4	Clear storage ペーンでサイトデータをクリアする	131
4-5	Storage ペーンでストレージを管理する	133
4-6	Cache ペーンでキャッシュの内容を確認する	135

第5章　PWA のデプロイ 138

5-1	Firebase のプロジェクト作成	139
5-2	コマンドラインツールのインストール	147
5-3	ウェブアプリを Firebase に対応させる	149
5-4	PWA を Firebase にデプロイする	155

第6章　これからの PWA 159

6-1	PWA のプッシュ通知		160
	6-1-1	プッシュ通知の概要	160
	6-1-2	プッシュ通知への対応	161
	6-1-3	プッシュ通知のテスト方法	165
6-2	iOS（モバイル Safari）への対応		171
6-3	Microsoft の PWA 戦略		174

著者紹介	181

第1章 プログレッシブ・ウェブ・アプリ（PWA）の概要

まず最初にプログレッシブ・ウェブ・アプリ（以下「PWA」）がどのようなものであるのか、という漠然とした話から始めましょう。その名前の意味するところは何か、どのようなメリットを持っているのか、どのような効果が期待できるのか、といった特徴を把握していきます。また、PWAが有効に機能するための条件についても、簡単に確認しておきましょう。PWAがどのようなものか、すでにご存知の方は、この章を飛ばして第2章「PWAの構成要素」から読み始めても、いっこうに差し支えありません。

1-1 プログレッシブ・ウェブ・アプリ（PWA）とは

プログレッシブ・ウェブ・アプリ（以下「PWA」）は、主にGoogleが提唱するウェブアプリのアーキテクチャの一種です。と言うと、ウェブアプリを開発する際に使えるライブラリやフレームワークのようなものを想像するかもしれませんが、PWAはそういうものではありません。PWAを開発する際に参考になるサンプルプログラムのようなものは公開されていま

すが、特にインポートして利用できるフレームワークのようなものはありません。

　PWAを実現するための主要な技術は、すでにW3C（World Wide Web Consortium）の規格として定義されています。Googleが主導しているとはいえ、一企業による営利目的の排他的な技術というわけではありません。その点でも、安心して採用できる素地は整っていると言えるでしょう。

　PWAを簡単に実現するためのフレームワークのようなものはないと書きましたが、だからといってすべてを自分で書かなければならないわけでもありません。PWAを実現するためのAPIのようなものは確かに存在するのです。それはChromeをはじめとする最近のウェブブラウザーに、はじめから組み込まれています。これは、PWAは、それをサポートするブラウザー上でしか、そのメリットを発揮できないことを意味します。しかし、それは大きな障害ではありません。Chromeに限らず、最近の主要なブラウザーは、すでにPWAをサポートしているからです。何らかの理由で古いブラウザーを使わざるを得ないような環境は別として、常に最新のOSと、それに含まれる基本アプリにアップデートされているような環境は、ほとんど間違いなくPWAをサポートしていると言えるでしょう。

　また、PWAをサポートしていない環境で動かしたとしても、そのメリットが得られないだけで、PWAは単なるウェブアプリとして動作することが期待できます。つまりPWAとしての特徴的な機能を実現するプログラムは、環境が古くても、動作の妨げになることはないのです。ただし、PWAであることを謳ったすべてのウェブアプリが、PWAをサポートしない古い環境でも必ず動作するとは限りません。それは、PWAとともに用いられている他のウェブアプリの技術、フレームワーク、アーキテクチャが、その古い環境に対応していない可能性もあるからです。その場合には、PWAであることに問題はなくても、そのPWAは動作しないかもしれません。逆に言えば、PWA以外の部分にオーソドックスな技術を使って作成しておけば、そのウェブアプリの動作環境は、かなり広い範囲のものが期待できることになります。その一方で、PWAでは、これまでに開発され、利用され

8 第1章 プログレッシブ・ウェブ・アプリ（PWA）の概要

てきたさまざまなウェブアプリの技術との相性が問題になることはあまりないでしょう。他のさまざまなアーキテクチャとも共存が可能で、実際にそうした形で利用されている例が数多くあります。

いずれにしても、PWAをサポートする環境でPWAを動作させることのメリットはかなり多く、PWAは、これまでのウェブアプリの概念を打ち破る、革新的なアーキテクチャだと言っても、けっして大げさではないでしょう。単なるウェブサイトではなく、「ウェブアプリ」を自認するサイトは、例外なくPWAであるべきだと言っても差し支えないほどです。そのメリットがどんなものなのか、この章で少しずつ確認していきます。まずはPWAの名前の意味から考えてみます。

1-2 「プログレッシブ」の意味

PWAのネーミングは、素直にプログレッシブ（progressive）なウェブアプリということです。言うまでもなく、重要なのは「プログレッシブ」という単語です。プログレッシブと聞くと、すぐにプログレッシブロック、いわゆる「プログレ」という音楽のジャンルを思い浮かべるという人は、ちょっと古い人か、あるいはレトロな趣味の持ち主ということになるかもしれません。ロックを形容するプログレッシブは、おそらく「進歩的な」とか「前衛的な」といった意味で使われているものと考えられます。PWAのプログレッシブにも、前衛的ではないとしても、進歩的とか革新的なといった意味が込められていることは間違いないでしょう。

しかしPWAのプログレッシブには、progressiveという単語の持つ第一義的な意味も含まれていると考えられます。それは「斬新的」、つまり「徐々に進化する」ということです。これはPWAのアーキテクチャ自体が、今後もだんだん進化するという意味ではなく（するかもしれませんが）、PWAとして開発されたウェブアプリが、ブラウザーで初めて開いたときから、

第1章　プログレッシブ・ウェブ・アプリ（PWA）の概要　**9**

ユーザーの意図によってデバイスにインストールされ、ネイティブアプリと同様に使えるようになる過程や、さらにその後使い込まれていくにしたがって、使い勝手や性能（応答性）が向上していく様子を表しているように思われます。あるいは、いったんPWAとしてリリースして、それがユーザーのデバイスにインストールされた後、そのバージョンを改訂していくために必要な仕組みがあらかじめ考慮されていることを示しているのかもしれません。

とはいえ、PWAを理解し、開発するために、その名前の意味を正しく理解していなければならないということはありません。プログレッシブという語も、PWAの特徴をなんとなくイメージするためのヒントのようなものと考え、あまり言葉の意味にとらわれないほうがよいかもしれません。PWAについて学習し、実際に開発を進めているうちに、その名前も当然のものと感じられ、いちいち意味など考えないようになるでしょう。

1-3　PWAの目的

PWAは、もちろん何らかの目的を持ち、明確な意図によって開発されたものです。そのような「目的」という観点でPWAをとらえるなら、ウェブアプリを、ネイティブアプリと同等、またはそれ以上のユーザー体験が得られるものにするということが第一だと考えられます。言い換えれば、PWAは、それ以前のウェブアプリでは得られない機能、操作性、動作速度を実現するために存在しているのです。

それを考えると、PWAは主としてモバイルデバイスをターゲットにしたものということになります。これから徐々に明らかになるように、確かにPWAには、モバイルデバイスや、その使用環境の弱点をカバーするような機能が多く盛り込まれています。そのうえ、PWAはパソコンのデスクトップ環境でも、それなりの効果を発揮します。パソコンの場合には、モバイ

ルデバイスに比べて、一般にそれ自体の処理能力や、接続しているネットワークの通信速度が優れているために、PWAのメリットが十分に感じられないこともあるでしょう。しかし、モバイルデバイスによってこそ味わえるメリット以外にも、以下に述べるように、PWAにはパソコン環境でも共通して享受できる利点があります。

1-4　PWAの効果

これまでのウェブアプリでは得られないものを実現するために、PWAによって得られる効果を、重要だと思われる順に、具体的に挙げていきましょう。

●オフライン動作が可能

PWAの最大の特長の1つは、ネットワークに接続していないオフライン状態でも起動することです。これは、ウェブアプリを構成するHTML、CSS、JavaScript、さらには画像ファイルなどをローカルにキャッシュして、とりあえずはキャッシュから読み込んで立ち上がることができるように設計されているからです。

もちろん、いちばん最初はネットワークに接続した状態で、PWAを供給するURLにアクセスしなければならないことは言うまでもありません。また、アプリの機能として、ネットワーク上のサーバーにアクセスしてデータを取得することが不可欠な場合には、オフラインでは十分に活用できないのはいたしかたありません。ただし、ネットワークに最後に接続していた際に取得したデータをキャッシュし、オフラインの間はそのデータを使ってなんとか次善の動作を確保するということは可能です。

それだけでは心もとないと思われるかもしれませんが、ネットワーク接続の状況の変化に対応するこのような動作は、一般的なネイティブアプリ

のものと同様であることにも気づくでしょう。つまり、オフラインでもアプリとしては起動する。ネットワークアクセスが必要なデータについては、オフラインでは最新のものは利用できないものの、最後に読み込んだデータを利用して動作することは可能、ということになるからです。

●可能な限り高速に起動する

　この特長は、上のオフライン動作と密接な関係があります。オフラインでも起動できるようにするための機能は、オンラインでも有効に働いて、アプリの起動時間を短縮することができるのです。つまり、ネットワークの状態に関わらず、PWAはまずローカルにキャッシュされたアプリの構成要素を読み込んで起動します。これは、けっして仮の状態というわけではなく、アプリがアップデートされるまでは、ずっとその状態のまま使い続けることができます。その後、もしアプリの構成要素の中にアップデートが必要なファイルがみつかれば、アプリの使用中にバックグラウンドで読み込んで更新し、次に起動した時には最新版のアプリとして動作する、といったことが可能です。

　こうした特長は、通信速度が遅いデバイスを使っているユーザーには特にメリットが大きいでしょう。いくら通信速度が速いデバイスを使っていても、ネットワーク接続が不安定な場所にいたり、なんらかの理由で通信容量や速度の制限にかかっているようなときには、同じようにメリットが享受できます。そもそも、良好なネットワーク環境であっても、ローカルにあるファイルから起動するほうが速いことに違いはありません。

●ホーム画面にアイコンを表示できる

　アプリの性能や能力というよりはユーザーインターフェースに関することですが、PWAではiOSやAndroidのモバイルデバイスのホーム画面にアプリのアイコンを配置することができます。ユーザーは、ウェブブラウザーにURLを入力したり、ブックマークから選ばなくても、そのアイコンをタップするだけでアプリを使用できます。

その場合、PWAは、ブラウザーのウィンドウやタブの中で動作するのではなく、独立したウィンドウを確保して、その中で動きます。そのため、そこからいったん離れて別のアプリに切り替えた後、再び元のPWAに戻ってくるような場合にも、ネイティブアプリと同様の方法でアプリを選択することが可能です。

このような動作は、PWAをブラウザーで開いただけで有効になるわけではありません。ユーザーの意思で、デバイスに「インストール」することで、はじめて可能になります。とはいえ、ネイティブアプリを、App StoreやPlayストアからダウンロードしてインストールするのに比べればずっと手軽です。それでいて、いったんインストールした後のアプリとしての扱いは、ネイティブアプリとほとんど変わることがありません。

このような特長は、ユーザーにとってだけでなく、アプリのユーザーを増やしたい開発者にとっても大きなメリットをもたらすでしょう。

●プッシュ通知も利用可能

これは、PWAならではの特長というわけではありませんが、PWAを実現するための仕組みの中で、プッシュ通知をサポートするウェブアプリを構成することが可能です。とはいえ、プッシュ通知を実現するには、そもそもサーバー側に、アプリに通知したい情報があって、それをプッシュする機能がなければなりません。それも、アプリのユーザーにとっては予想外のタイミングで発生する情報でなければ、プッシュ通知を使う意味がありません。

それを考えると、PWAの他の特長に比べて、このプッシュ通知は適用できる範囲が狭いかもしれません。それでも、PWAをいったん開いてみて、便利そうだとインストールまでしてはみたものの、その後忘れてしまって使わなくなったというようなユーザーに対して、そのアプリと、それによって得られるサービスの存在を再認識してもらうためにも、プッシュ通知は有効です。

第1章　プログレッシブ・ウェブ・アプリ（PWA）の概要　**13**

●バックグラウンドでのデータ同期も可能

　これも、PWAとして不可欠な機能ではなく、PWAならではの特長というわけでもありませんが、プッシュ通知と同様、PWAをサポートする仕組みの中で、バックグラウンドのデータ同期も実現できます。「同期」というだけあって、サーバーとデバイスの間で双方向のデータのやりとりが可能です。

　この機能を利用すれば、ユーザーが特に操作をしなくても、定期的に、あるいは必要に応じて通信し、アプリがサーバーから最新情報を読み込んだり、逆にローカルの編集結果をサーバー上のデータに反映させるといったことが可能になります。この同期処理を、デバイスがオフラインからオンラインに遷移するタイミングで実行すれば、オフラインでも動作するというPWAの特長をさらに強化して、より有効なものにできるでしょう。

第2章　PWAの構成要素

ここでは、PWAを構成する「要素」について確認します。要素と一口に言っても、いろいろなタイプが考えられますが、ここではそれほど厳密な意味で考えているわけではありません。例えばサーバーからデバイスに読み込まれるウェブアプリを構成するファイルはもちろん、PWAをサポートするウェブブラウザー自体、またブラウザーが提供する特定の機能も1つの要素ととらえます。ただし、PWAであるかどうかに関わらず、通常のウェブアプリでも必要となる一般的な構成要素については、ここでは無視します。PWAならではの条件に焦点を合わせます。

2-1　ブラウザー

　PWAを利用するにあたって、まず確保しておかなければならないのは、PWAをサポートするウェブブラウザーです。

　第1章「PWAの概要」で述べたように、「Chromeをはじめとする最近のウェブブラウザー」は、程度の違いこそあれ、たいていはなんらかの形で

PWAをサポートしていると言ってよいでしょう。なかでも、ほぼ完全なサポートが期待できるのは、ChromeとFirefoxです。他に利用者が多いブラウザーとして、2大OSメーカーが開発しているSafariとEdgeがどうなのか、気になるところです。これらの2つのブラウザーは、公式にはPWAサポートを「開発中」という状態になっています。しかし、正式なPWAサポートを開始する前のバージョンでも、ウェブアプリにSafariやEdgeに配慮した記述を付加してやれば、少なくとも「インストール」は可能となり、PWAもどきの動作が可能となります。しかし、今や両ブラウザーともPWAのサポートを正式に表明しているため、これからはブラウザーの違いは、それほど気にしなくてもよくなることが期待できます。それについては、第6章「これからのPWA」で具体的に示します。

PWAを当初から積極的にサポートしているChromeとFirefoxについては、どのバージョンからPWAが使えるか、ということが具体的に判明しています。ただし、PWAをサポートする機能も多岐に渡るため、バージョン番号を1つだけ特定して、それ以降なら大丈夫、という表現は難しくなっています。それでも、Chromeは40、Firefoxは44以降であれば、通常のPWAの動作環境として、特に問題はなさそうです。

一方、PWAの開発者が利用するウェブブラウザーとしては、PWAに特化したデバッグ機能を備えていることが強く望まれます。その点では、現状ではChromeとFirefoxだけが条件を満たします。Chromeはバージョン40以降、Firefoxは47以降がPWA専用デバッグツールを備えています。

2-2　ウェブサーバー

PWAはデバイス上で動作するウェブアプリだけの問題であって、サーバーは関係ないだろうと思われるかもしれません。それはほとんどその通りなのですが、PWAをホストするサーバーには1つだけ不可欠な条件があ

ります。それは、単なるHTTPではなく、安全な通信を確保できるHTTPS（Hypertext Transfer Protocol Secure）プロトコルをサポートする必要があるということです。言い換えれば、PWAのURLは、「`https://`」で始まるものが必要ということになります。

すでに述べたように、PWAはアプリ自体の構成要素などをキャッシュし、サーバーの代わりにローカルのファイルを読み込む機能などを提供します。そのため、アプリとサーバーの間の通信に割り込む機能を備えています。そこで、もし悪意のあるPWAを動かせば、ユーザーの知らない間に、想定しているサーバーとはまったく異なるサーバーと勝手に通信を実行するといった危険な動作も想定できます。そのため、元のPWAをホストするサーバーとデバイスの通信の安全を確保し、第三者によって改変されたPWAが読み込まれたりしないようにする必要があるのです。というわけで、サーバーはHTTPS接続を必須としています。

ただし、PWAの開発中は、インターネット上のサーバーではなく、ローカルマシン上のサーバー機能を使って動作確認やデバッグができないと非効率的となってしまいます。PWAは、ローカルホストで動作させる場合には、HTTPSプロトコルは不要です。開発中は気軽に動作させることができます。

もちろん、開発したPWAを実際にデプロイして一般のユーザーに公開する際には、HTTPSをサポートするウェブホスティング機能を利用する必要があります。これは個人の開発者にとっては敷居が高いと思われるかもしれません。しかし、最近ではFirebaseなど、とりあえず無料で始められるサービスでも、HTTPSによるホスティング機能を提供しているものがあります。特にFirebaseの場合、手順さえ把握すれば、かなり簡単にホスティング機能を利用できます。本書では、第5章「PWAのデプロイ」で、実際にFirebaseを使ったPWAのホスティング方法について具体的に解説しています。

第2章　PWAの構成要素　**17**

2-3 Service Worker

Service Worker（サービスワーカー）は、普通のウェブアプリをPWAに仕立てる上で、もっとも重要な要素と言えるでしょう。これは主に、PWAがオフラインでも動作するための基本的な機能を実現するためのものです。Service Workerの本体は1つのJavaScriptファイルです。この中身については3-3「Service Workerの記述」で詳しく説明しますが、ほとんどの部分はPWAに関するイベントを処理するファンクションで構成されています。

Service Workerは、最初はウェブアプリの一部としてサーバーからロードされます。その際、自動的にブラウザー環境にインストールされて、一種の常駐プログラムとして機能するようになります。それによって、それ以後ブラウザー環境がオフラインになっても、少なくともこのService Workerだけは動作して、ネットワークをはじめとするさまざまな状況に適切に対処できるようになるわけです。

ここで言うService Workerの「インストール」は、ユーザーの操作によってPWAをデバイスのホーム画面に「インストール」することとは別の処理であることに注意してください。Service Workerは、PWAがロードされて起動された直後に起動され、通常のブラウザー環境の中で動作し続けます。デスクトップ機などで、PWAをブラウザー内だけで使う場合、つまり一般のウェブアプリと同様に操作するとき、ユーザーが明示的にPWAを「インストール」しなくても、Service Workerは自動的に「インストール」されて機能し続けます。

2-4 Manifest

Manifest（マニフェスト）は、元来は「積荷目録」といった意味ですが、

PWAではウェブアプリをネイティブアプリと同様の操作感覚で使えるようにするための仕様書のような働きをします。つまりPWAを、デバイスのホーム画面にインストールする際や、ユーザーがホーム画面のアイコンをタップしてアプリが起動する際などに必要なリソース、動作の仕様を記述しています。と言っても、アプリとしての動作の中身の仕様ではなく、主にその外観を規定することになります。

Manifestは、1つのJSONファイルとして、PWAの構成要素に含めます。Service Worker同様、当初は他のアプリ構成要素といっしょにサーバーからロードされます。Manifestの中身については、やはり3-4「Manifestの記述」で具体的に示します。だいたいの内容は、アプリ名、アプリとしてのアイコンのファイル名、アプリ画面の背景色、といった情報をJSON形式で記述したものとなります。

このファイルは、アプリとしての操作の際に参照されるだけで、Service Workerのようにブラウザー環境にインストールされるということはありません。

2-5 キャッシュ

主にService Workerの働きによって実現されるオフライン動作ですが、言うまでもなく、Service Worker自体がアプリの構成要素やデータを記憶してくれるわけではありません。いずれも、オフラインでも使える記憶領域に明示的に保存する必要があります。

アプリの構成要素については、Service Worker内のプログラムによって、ウェブブラウザーが管理するキャッシュ領域に保存することになります。その方法は、PWAとしてほとんど定型化していて、そのしきたりに従えば、特に問題はないでしょう。具体的な方法については3-3「Service Workerの記述」で示します。

第2章　PWAの構成要素 | **19**

2-6 ストレージ

　ひとくちにPWAと言っても、さまざまな機能、規模のアプリが考えられます。PWAと名乗るからには、少なくともアプリの構成要素をキャッシュしてオフライン動作を実現する必要がありますが、それ以上の動作については、アプリによってまちまちということになるでしょう。

　例えば、一般的な電卓のようなアプリをPWAとして供給する場合、ユーザーがそのアプリを起動するたびに、ネットワークに接続してリフレッシュしなければならないようなデータが必要になることはほとんどないでしょう。その場合は話が簡単です。既存のウェブアプリにService WorkerとManifestを加えるだけで、PWA化はほとんど完了します。ここで話題にしている「ストレージ」は特に必要ありません。

　その一方で、アプリを起動するたびに、あるいは定期的に、もしくはユーザーの操作に応じてネットワークに接続し、データを読み込んで画面をリフレッシュしなければならないようなアプリでは、オフライン動作のためにはデータもキャッシュしておく必要があります。そのためには、やはりブラウザーが管理するストレージ領域を使うのが普通です。

　ブラウザーが提供するAPIを使ってアクセスできるストレージ領域としては、Local Storage、Session Storage、IndexedDB、Web SQLなどがあります。利用する情報の種類によってはCookieまで含めて考えてもよいかもしれません。その中のどれを使うのかという問題は、PWAのというよりは、ウェブアプリとしての設計手法の一部と考えられます。比較的単純な構造のデータであれば、もっとも手軽なLoacal Storageを使っても、ほとんど問題はない場合も多いでしょう。しかし、比較的複雑な構造を持ったデータを扱う場合で、状況によってその一部だけを取り出したり、更新したい要求がある場合には、IndexedDBやWeb SQLなどのデータベース機能を利用すべきでしょう。

2-7　アイコン

　PWAの機能や動作に直接関わるものではありませんが、PWAには一般の
アプリと同様にアイコン画像を用意する必要があります。それは主にホー
ム画面に登録するアプリのアイコンとして使用されます。また、アプリが
起動する際に表示される、いわゆる「スプラッシュスクリーン」の中央に
表示されるイメージとしても使われます。こうした画像は、ネイティブア
プリのようにインストールして「単独」で使われることを想定したもので、
一般のウェブアプリには不要のものです。

　こうしたアイコンの図柄は、一般のウェブページやウェブアプリでも用
意するFaviconと同じにするのが普通でしょう。もちろんFaviconを拡大
してアプリ用のアイコンを作るのではなく、その逆にアイコンを縮小して
Faviconを作るようにすべきでしょう。今のところ、最大で256×256ピ
クセル程度の画像を用意しておけば良さそうです。さまざまな解像度のデ
バイスに対応できるように、そこから徐々にスケールダウンして、複数の
サイズのアイコンとFaviconを用意すれば良いでしょう。具体的なサイズ
については、3-4「Manifestの記述」で示します。

第3章　PWA開発の実際

ここからは、PWAとして動作するウェブアプリを実際に作る過程をたどりながら、PWAの仕組みを学んでいきます。その際に、起動後にはネットワークアクセスが必要ない非常にシンプルなアプリと、起動後もネットワークからデータを読み込みながら動作する一般的なウェブアプリ、という2つのサンプルを取り上げます。それらによって既存のウェブアプリをPWA化するための基本を習得できるでしょう。特に後者のアプリでは、一般的な常識ではオフライン動作は無理だろうと思われるものを、オフラインでそれなりに動作させる、PWAならでは手法を体得できるように考えています。

3-1　基本的な温度コンバーターアプリの作成

3-1-1　ウェブアプリの概要

ここでは、ウェブアプリというよりも、一般的なアプリとして、いわゆる「Hello, World」を除けば、これ以下はないというほど単純なものを作成し

ます。一般的なプログラミング入門書などでも、それこそHello, Worldの
次くらいに作成するレベルのものです。

　動作に直接関わるユーザーインターフェースとしては、2つのテキスト
（数値）入力欄があるだけです。そのうちの一方は摂氏の、もう一方は華氏
の温度を表します。ユーザーがどちらかに数字を入力すると、それが摂氏
欄ならその数値を摂氏で表した温度とみなし、それを華氏の温度に変換し
て、もう一方の欄（華氏欄）に表示します。その逆に、ユーザーが華氏欄
に数値を入力すれば、それを摂氏の温度に変換したものを、摂氏の欄に表
示します。

　言葉で書くと長くなるので、完成したアプリの画面を示します。

●温度コンバーターアプリの画面

　これは、ローカルなファイルシステムに置いたHTMLファイルを直接
ウェブブラウザー（Chrome）で開いたものですが、この先、このアプリ
をPWA化する過程では、ローカルなウェブサーバーを用意して、その上で
ホストすることになります。また、第5章「PWAのデプロイ」では、イン
ターネット上のウェブサーバーにデプロイして、どんなデバイス上でも動
作するPWAとして動かすことになります。

　ところで、すでに述べたようにPWAは主にモバイルデバイスで威力を
発揮するものですが、そのモバイルデバイスには実にいろいろな種類があ
ります。画面のサイズもまちまちです。となると、画面のサイズに応じて

第3章　PWA開発の実際 | 23

自らレイアウトを最適化できる、いわゆるレスポンシブなウェブアプリであることが必然的に求められます。レスポンシブであることは、PWAであることの暗黙の条件の1つだと考えられています。既存のウェブアプリをPWA化するための作業として、特にレスポンシブ対応にすることは挙げられないかもしれませんが、それはレスポンシブであることが、もはや前提だからとも考えられます。

　一般的に、ウェブアプリをレスポンシブ対応にする場合、BootstrapやZurb FoundationなどのUIフレームワークを利用するのが普通でしょう。しかし、本書で取り上げるサンプルでは、そうしたサードパーティ製のフレームワークを使用せずに、自前のCSSでごく簡単なレスポンシブ対応を実現しています。この温度コンバーターアプリも、スマホのような画面の幅が狭い環境では、摂氏と華氏の表示が積み重なるようなレイアウトに、自動的に移行します。

●画面幅が狭い環境での温度コンバーターアプリの画面

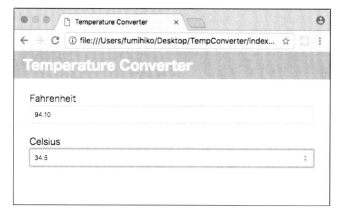

　また、特にモバイルデバイスにインストールして、ブラウザーから切り離された状態で動かすことを想定して、簡単なアプリケーションバーのようなものを画面の最上部に表示しています。これも自前のCSSで作成しています。この温度コンバーターの場合には、アプリの名前を表示するタイトルバー的な意味合いしかありませんが、この章の後半で開発するRSSリー

ダーの場合には、このバーの上にボタンを配置して、ツールバーに相当する機能も発揮できるようにしています。

この PWA 化する前のアプリは、HTML、CSS、JavaScript のファイル、それぞれ 1 つずつから成っています。また、念のため、いわゆるファビコンも追加して、ブラウザーのタブやアドレスバーにアイコンが表示されるようにしています。つまり構成要素（ファイル）は合計 4 つということになります。以下、それぞれの内容を確認していきます。PWA 化以前の内容は、できる限り標準的な記述となるように努めました。標準的なウェブアプリの作成については本書の範囲外となりますので、ここではこのアプリに特徴的な部分を中心に、簡潔な解説にとどめます。

3-1-2　HTML ファイルの作成

このアプリでは、基本的なレイアウトは HTML で設定し、JavaScript ではイベントの処理だけを実行しています。

この HTML では、head 部分で「`styles`」ディレクトに置いた CSS ファイル「`app.css`」を読み込んでいます。

HTML の body 部分では、まずアプリケーションのヘッダーとなるバーの中に表示するタイトルを「Temperature Converter」のように設定します。その下に続くメイン部分では、大きく 2 つのグループの要素を配置しています。1 つは華氏を表す「Fahrenheit」というラベルと組み合わせた温度の入力欄です。初期空白時のプレースホルダーとして「華氏温度を入力」と表示するようにしています。もう 1 つは、摂氏を表す「Celsius」ラベルと、その温度の入力欄です。こちらのプレースホルダーは「摂氏温度を入力」としています。前者の入力欄には「`fahrenheitInput`」という ID を付けています。これは、JavaScript によるイベント処理の識別に使います。同様に後者の入力欄には「`celsiusInput`」という ID を付けました。

第 3 章　PWA 開発の実際 | **25**

■ index.html

```html
<!DOCTYPE html>
<html>
<head>
  <meta charset="utf-8">
  <title>Temperature Converter</title>
  <link rel="stylesheet" type="text/css"
href="styles/app.css">
</head>
<body>

  <header class="app-header">
    <h1 class="header-title">Temperature
Converter</h1>
  </header>

  <main class="app-main">
    <div class="content-row">
      <div class="column-half">
        <label>Fahrenheit</label>
        <input id="fahrenheitInput"
class="number-input" type="number"
min="-459.66999999999996" placeholder="華氏温度を入力">
      </div>
      <div class="column-half">
        <label>Celsius</label>
        <input id="celsiusInput" class="number-input"
type="number" min="-273.15" placeholder="摂氏温度を入力">
```

```
      </div>
    </div>
  </main>

  <script src="scripts/app.js" async></script>

</body>
</html>
```

3-1-3　CSSファイルの作成

　CSSは、当然ながらほとんどレイアウト上の装飾的な記述だけなので、特に解説を要する部分はないでしょう。

　その中で1つだけ注意していただきたいのは、このCSSでは画面の幅に応じて、いわゆるレスポンシブなレイアウトを実現するための最小限の設定を含んでいるということです。具体的には、メディアクエリによって、画面の幅に応じたレイアウトを選択しています。画面の幅が十分に大きい（600pxを超える）場合には、「column-half」クラスは画面幅の半分になります。画面の幅が600px以下の場合では、同クラスはその名前に反して画面幅いっぱいになります。それによって、華氏と摂氏の入力欄を左右に並べて配置したり、2行に分けて上下に積み上げて配置したりしているわけです。

■ app.css

```
* {
  box-sizing: border-box
}
```

```css
html, body {
  padding: 0;
  margin: 0;
  height: 100%;
  width: 100%;
}

.app-header {
  width: 100%;
  height: 48px;
  color: #FFF;
  background: #EEB63D;
  position: fixed;
}

.header-title {
  font-size: 24px;
  margin: 6px 0 0 16px;
}

.app-main {
  padding-top: 50px;
  padding-left: 12px;
  padding-right: 12px;
}

.number-input {
```

```css
  overflow:visible;
  padding:8px;
  display:block;
  border:1px solid #bbb;
  width:100%;
}

.column-half {
  float:left;
  width:50%
}
@media (max-width:600px) {
  .column-half{width:100%}
}

.content-row,.content-row>.column-half {
  padding:10px 8px
}
```

3-1-4　JavaScriptファイルの作成

　JavaScriptは非常にシンプルです。2つのHTML要素（華氏と摂氏の入力欄）を、IDを指定することで取得し、それぞれにイベントリスナーとなるファンクションを付加しているだけです。イベントの種類はいずれも「input」なので、入力欄の値が1文字でも変更されると呼び出されるようになっています。そのため、値を変更した後にリターンキーなどを押す必要はありません。

華氏の入力欄に付加したファンクションは、入力された値を摂氏の温度の値に変換して、摂氏の入力欄の値として設定するものです。摂氏の入力欄のファンクションも同様で、摂氏の入力欄の値を華氏の温度値に変換して華氏の入力欄の値として設定しています。これで、入力欄に値を入力するだけで、華氏と摂氏を相互に変換できるようになります。

■ app.js

```javascript
(function() {
  'use strict';

  document.getElementById('fahrenheitInput')
.addEventListener('input', function(event) {
    celsiusInput.value=((this.value - 32) /
1.8).toFixed(2);
  });

  document.getElementById('celsiusInput')
.addEventListener('input', function(event) {
    fahrenheitInput.value=((this.value * 1.8) +
32).toFixed(2);
  });

})();
```

3-1-5　アプリの動作確認

　特にフレームワーク類も使っていない簡単なアプリなので、直接ウェブブラウザーでHTMLファイルを開いて動かしてみましょう。すでに示した図と重複する部分もありますが、もう一度確認しておきます。

まず、起動直後の入力欄にはスペースホルダーの文字列が表示されています。「Fahrenheit」側には「華氏温度を入力」、「Celsius」側には「摂氏温度を入力」と、やや薄い色の文字で示されています。

●温度コンバーターアプリの初期画面

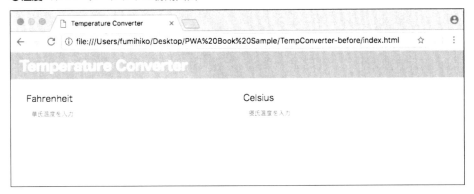

このプログラムでは、華氏、摂氏のどちらに数値を入力しても動作するようになっています。その反対側の入力欄に変換後の数値が表示されます。例えば、「Fahrenheit」側に「48」と入力すると、それを摂氏の温度に変換した数値「8.89」が「Celsius」欄に表示されるのを確認できるでしょう。

●温度コンバーターアプリの動作中の画面

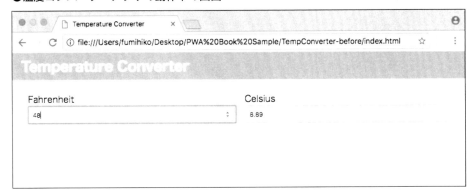

言うまでもなく、「Celsius」欄に任意の数値を入力すれば、それを摂氏温度とみなし、その値を華氏温度に変化した数値が「Fahrenheit」に表示されます。

3-2　ローカルウェブサーバーの利用

　この温度コンバーターのような、特に外部のフレームワークも参照しない単純なアプリの動作を確認するだけなら、ここで示したように、ローカルのファイルシステムの中に置いたファイルをブラウザーで直接開いても、特に支障はありません。しかし、これをPWAとして動かすとなると、話が変わってきます。なぜならPWAは、セキュアプロトコルをサポートするHTTPSサーバーか、ローカルマシン上のサーバーでホスティングしないと動かすことができないからです。もちろん後者は開発中の動作確認やデバッグ用として使えるように用意された環境です。

　ここでは、ローカルなマシンの上でサーバーを起動して、その上でウェブアプリをホスティングする方法を紹介します。それにはかなり多くの方法が考えられますが、ここで取り上げるのは、その中で1、2を争うほど簡単な方法です。それはその名も「Web Server for Chrome」というアプリ（ブラウザーの拡張機能）を使う方法です。「Chromeウェブストア」から無料でダウンロードして使うことができます。ウェブストアは、Chromeの「ウインドウ」メニューから「拡張機能」を選び、いちばん下にある「他の拡張機能を見る」のリンクをクリックして開いてください。「Web Server」で検索すれば、すぐに見つかるでしょう。

32 | 第3章　PWA開発の実際 |

●ローカルでのホスティングに使う「Web Server for Chrome」

　Chromeにインストールした Web Server for Chromeを起動すると、独立したウィンドウが開きます。ここでは、まず「CHOOSE FOLDER」ボタンをクリックして、ホストしたいフォルダーを指定します。その後、その下のスイッチをオンにすれば、すぐにサーバー機能が開始します。ブラウザーでアクセスすべきURLは、その下に表示されています。URLはリンクになっているので、通常はクリックするだけで、フォルダー内の「index.html」ファイルが読み込まれてウェブアプリが動作します。

　必要に応じてさまざまなオプションを指定することもできます。例えば「Accesssible on local network」をチェックすれば、Web Server for Chromeを動かしているのと同じマシン上のブラウザーだけでなく、同じLAN上の他のマシンのブラウザーからもアクセスできるようになります。その際にアクセスすべきURLも、上のURL欄に自動的に表示されます。

●「Web Server for Chrome」を起動してホストするフォルダーを選んで開始する

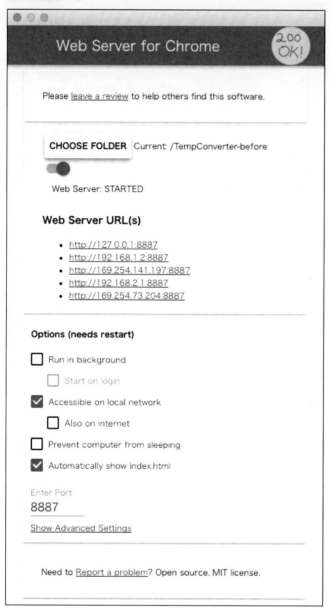

　この例の場合、アプリの基本的な動作は、直接ブラウザーで「`index.html`」を開いた場合とまったく同じです。ただし、ローカル

サーバーを通してアクセスした場合には、ブラウザーのタブにHTMLで指定したアプリ名（`<title>`タグで設定した名前）とともに、ファビコンが表示されています。もちろん、そのためには、このアプリのルートに「`favicon.ico`」ファイルを置いておくことが必要です。

3-3　Service Workerの記述

　　ここからは、この温度コンバーターアプリをPWA化する手順を示します。この単純なアプリをPWA化するには、これまでに記述したHTMLやJavaScriptファイルには、ほとんど手を加える必要はありません。必要なのは、PWAの動作にとってもっとも重要なService WorkerとManifestの両ファイルを追加することです。そして、HTMLにわずかな変更を加え、Service WorkerとManifestをアプリに読み込むための記述を追加します。それについては、Service WorkerとManifest自体の解説の後で、それぞれに対応した記述を示します。

　　まずここでは、Service Workerファイルの内容について見ていきましょう。意外に思われるかもしれませんが、Service Workerには特に決まった名前はありません。HTMLの中でファイル名を指定するので、どんなものでも構わないのです。とはいえ、ファイル名を見ただけで、それがService Workerであることが判別できるほうがよいでしょう。ここでは「`serviceworker.js`」という、ごく普通のファイル名にしてあります。他にも一般的な名前としては「`service_worker.js`」や、極端に短くした「`sw.js`」といったものも使われています。

　　Service Workerの先頭では、使用するキャッシュの名前を定義しておくのが普通です。この例では「`tempConverterShell`」という名前をcacheNameという変数として定義しました。

```
var cacheName = 'tempConverterShell';
```

この変数は、この後のService Worker内の処理で参照します。

次に、Service Workerの動作によってキャッシュすべきファイルのリストを定義します。ここでは、`filesToCache`という変数に「`/`」「`/index.html`」「`/scripts/app.js`」「`/styles/app.css`」という4つのパスを表す文字列を要素とする配列を代入しています。

```
var filesToCache = [
    '/',
    '/index.html',
    '/scripts/app.js',
    '/styles/app.css'
]
```

もちろん「`/`」というファイルがあるわけではありませんが、「サーバードメイン名/index.html」は、「`index.html`」というファイル名部分を省略して「サーバードメイン名/」としてリクエストされることがよくあります。ここでは、そうした状況に対応するために「`/`」を含めているのです。あとは、このアプリを構成するHTML、JavaScript、CSSの各ファイルを挙げています。

なお、Service Workerのファイル自体を置く場所も、Service Workerの動作にとっては重要です。というのも、Service Workerによってキャッシュ可能なファイルは、すべてService Workerと同レベルか、それより下位のディレクトリにあるものに限られているからです。この例で言えば、キャッシュすべきファイルリストの中で最上位の「`index.html`」と同レベルに置くことになります。

Service Workerの残りの部分は、すべて`addEventListener`というファンクションを実行する形になっています。これは言うまでもなく、発生するイベントに対して、それを処理するファンクションを登録するものです。Service Workerとして対応すべきイベントは「`install`」「`activate`」

36 第3章 PWA開発の実際

「fetch」の3つです。以下、それぞれの機能について説明します。

●install

installイベントは、Service Worker自体をブラウザー環境にインストールする際に発生します。これによってService Workerは一種の常駐プログラムとなり、オフラインでも動作するようになります。また、同じイベント処理の中で、キャッシュすべきアプリ本体のファイルもキャッシュに格納します。それによってPWAは、オフラインでもとりあえず起動可能という、PWAとしてのもっとも重要な特長を獲得できるのです。

この例では、まずブラウザーのコンソールに「ServiceWorker installing」というメッセージを表示しています。これは言うまでもなく、動作確認のために入れているだけで、Service Workerの動作そのものには何も影響を与えません。

次に、event.waitUntil()の中で、実際のService Worker自体のインストールのタイミングでいっしょに実行すべき処理を記述しています。このwaitUntil()メソッドは、Service Workerに関するイベントの「延命」のためにあるものです。簡単に言えば、その中に書いたPromiseのコードの実行が完了するまで、イベントの寿命を伸ばします。この例では、アプリの基本ファイルのキャッシュ処理が完了するまでは、Service Workerのイベントが完了したことにならないようにしています。そうしておかないと、比較的時間のかかる可能性のあるキャッシュ処理が完了する前に、Service Workerのインストール処理が終わったと判断されてしまい、ブラウザーの内部動作が次のステップに移ってしまって不都合が生じる可能性があります。

この例では、event.waitUntil()の中で実行するPromiseによる非同期処理で、PWAでは通常「アップシェル」と呼ばれるウェブアプリの基本的な構成要素をキャッシュに格納しています。このアプリには、すでに述べたように特に外部から読み込むようなデータもなく、いわばアップシェルだけで完結するものとなっています。

ここでは、まずcacheNameで定義された名前のキャッシュをオープン
し、そこに、filesToCacheで定義したリストに含まれるファイル、つ
まり「index.html」「app.js」「app.css」を追加しています。そ
の際に、コンソールに「Service Worker caching app shell」と出力して
いますが、これももちろん動作確認のためだけのものです。

```
self.addEventListener('install', function(event) {
  console.log('ServiceWorker installing');
  event.waitUntil(
    caches.open(cacheName).then(function(cache) {
      console.log('Service Worker caching app
shell');
      return cache.addAll(filesToCache);
    })
  );
});
```

●activate

　activateイベントは、Service Workerがアクティブな状態になった
とき、つまりService Workerが起動した時に発生します。Service Worker
が古いバージョンから新しいものに更新された後で起動した場合には、そ
れに伴って古いキャッシュの内容が不要となるので、このタイミングは古
いキャッシュを削除するのに最適な機会となります。そこで、キャッシュ
のキーを調べ、それが最新のService Workerのキャッシュの名前（この例
では変数cacheNameが保持する文字列）と一致していなければ、そのキー
のキャッシュを削除しています。

　Service Worker自体が更新されたとき、その新しいService Workerは
すぐにはアクティブにならず、「アクティベート待ち」の状態になります。
それは、新しいService Workerがすぐに動き出すと、その新しいService

Workerと、キャッシュされた古いファイル（アップシェルの構成要素）の内容に不整合があった場合に、動作に支障をきたしてしまうからです。アクティベート待ちになっていたService Workerは、次にPWAが起動された時点で晴れてアクティブになります。その際にはキャッシュの内容も更新されているはずなので、動作の整合性が保たれます。また、その時点で古いキャッシュも削除できるのです。

　このような動作が期待通りに動作するためには、キャッシュの内容を更新する際には、その名前も変更する必要があることになります。そのためには、キャッシュ名にバージョン番号を付加するようにするのも1つの有効な手でしょう。

　このイベント処理の最後の行のself.clients.claim()をreturnしているのは、キャッシュのアップデートとは関係のない処理です。clients.claim()は、Service Workerが最初に登録された時に、それがその守備範囲のページ（Service Workerに対するクライアント）を制御することを指示するものです。もしclients.claim()を実行しない場合は、Serivce Workerは、ページが2度目以降にロードされた時点からページの制御を開始します。実はこの処理をactivateイベントの処理の中に含めるべきかどうかについては議論のあるところです。もし、PWAを最初にロードしたときに、思ったような動作にならない場合には、状況によって、この処理を外すことが有効に作用することもあるでしょう。

```
self.addEventListener('activate', function(event) {
  console.log('Service Worker activating');
  event.waitUntil(
    caches.keys().then(function(keyList) {
      return Promise.all(keyList.map(function(key) {
        if (key !== cacheName) {
          console.log('Service Worker removing old
cache', key);
```

```
        return caches.delete(key);
      }
    }));
  })
);
return self.clients.claim();
});
```

●fetch

　fetchイベントは、PWAがウェブ上のリソースをリクエストすると発生します。これは、PWAがオフラインでも動作するための中核となる仕組みです。この例の場合には、特に外部からデータを読み込むことはないので、もっぱらアップシェルの構成要素であるHTML、JavaScript、CSSの各ファイルのリクエストに対してfetchイベントが発生します。そのリクエストに対する処理に割り込んで、リクエストされているファイルがキャッシュにあれば、とりあえずそれを返すようにします。キャッシュにないリソースは、通常通りネットワークからフェッチされます。

　この例では、まずブラウザーのコンソールに「ServiceWorker fetching.」というメッセージに続いて、実際にフェッチのリクエストがあったファイルのURLを表示しています。これも動作確認のためのものですが、ファイルのやりとりを表示するので、開発中のデバッグに役立ちます。

　リクエストされたファイルがキャッシュに含まれているかどうかを調べ、含まれていればキャッシュから取り出して返す処理は、event.respondWith()の中で実行しています。これはブラウザーの標準的なフェッチ処理を実行せずに、独自の処理によるレスポンスを実現するためのものです。

```
self.addEventListener('fetch', function(event) {
```

```
  console.log('Service Worker fetching ',
event.request.url);
  event.respondWith(
    caches.match(event.request)
.then(function(response) {
    return response || fetch(event.request);
  })
  );
});
```

　　以上、部分ごとに分割して説明したServices　Workerのコード「serviceworker.js」の内容全体を通して示しておきましょう。

■ serviceworker.js
```
var cacheName = 'tempConverterShell';

var filesToCache = [
    '/',
    '/index.html',
    '/scripts/app.js',
    '/styles/app.css'
];

self.addEventListener('install', function(event) {
  console.log('ServiceWorker installing');
  event.waitUntil(
    caches.open(cacheName).then(function(cache) {
      console.log('Service Worker caching app
shell');
```

```javascript
      return cache.addAll(filesToCache);
    })
  );
});


self.addEventListener('activate', function(event) {
  console.log('Service Worker activating');
  event.waitUntil(
    caches.keys().then(function(keyList) {
      return Promise.all(keyList.map(function(key) {
        if (key !== cacheName) {
          console.log('Service Worker removing old
cache', key);
          return caches.delete(key);
        }
      }));
    })
  );
  return self.clients.claim();
});


self.addEventListener('fetch', function(event) {
  console.log('Service Worker fetching ',
event.request.url);
  event.respondWith(
    caches.match(event.request)
.then(function(response) {
```

```
        return response || fetch(event.request);
    })
  );
});
```

3-4　Manifestの記述

　　Service Workerと同様に、Manifestのファイル名も、結局はHTML内
で指定するので、拡張子（.json）を除く部分はどんなものでも構わない
ことになります。しかし通常は「manifest.json」とすることが多い
でしょう。この慣例に従わない理由は特に見当たらないので、この例でも
「manifest.json」としています。

　　すでに2-4「Manifest」で述べたように、Manifestは、ほとんどア
プリの外観に関する属性を定義するためのものです。この例で
は、「name」「short_name」「icons」「start_url」「display」
「background_color」「theme_color」の各キーを用意して、それ
ぞれの値を設定しています。さらに「icons」キーに対する値は、JSON
の配列となっていて、その要素のJSONでは「src」「sizes」「type」と
いう3つのキーと、その値を定義しています。

```
"name": "Temperature Converter",
"short_name": "Temp Converter",
```

　　「name」キーは、言うまでもなくアプリの名前を指定するものであり、
「short_name」キーは、その短縮形を示します。どちらの名前がどのよ
うな場面で使われるかは、ブラウザーやそれが動作するOS環境によって
も異なります。一般的に、モバイル機器のホーム画面にアイコンを登録す

る際、それに付随する名前としては「short_name」で定義した値が使われることが多いようです。Androidのホーム画面にアイコンを登録して起動する際には、一般のネイティブアプリ同様にスプラッシュスクリーンが表示されますが、そこに一瞬表示されるのは「name」キーで指定したほうの名前となっています。

```
"icons": [{
  "src": "icons/icon-128x128.png",
    "sizes": "128x128",
    "type": "image/png"
  }, {
```

…… 中略 ……

```
    "src": "icons/icon-256x256.png",
    "sizes": "256x256",
    "type": "image/png"
  }],
```

「icons」は、主にそのホームスクリーンに登録されるアイコンの画像を指定します。必要な画像の画素数は、デバイスの解像度によっても異なるので、各種のサイズを用意しておくのがよいでしょう。ここでは、最小を128×128ピクセル、最大を256×256ピクセルとして、全部で5種類の画素数のアイコン画像を作成して登録してあります。

「icons」キーに対する値はJSON形式で表したオブジェクトの配列です。そのJSONのキーは、すでに述べたように「src」「sizes」「type」の3つです。「src」はアイコンファイルへの、Manifestファイルのある位置からの相対的なパスを、「sizes」はアイコンの画素数を、「type」は画像ファイルのフォーマットのタイプをそれぞれ表しています。

44 第3章 PWA開発の実際

```
"start_url": "/index.html",
```

「start_url」は、ホームスクリーンに登録したアイコンをタップして
起動する際に、最初に読み込むアプリ内のリソースを、Manifestファイル
のある位置からの相対URLで指定します。ここでは、Manifestと同じディ
レクトリにあるindex.htmlを指定しています。アプリの構造によって
は、もちろん別の位置にある、あるいは別の名前のHTMLファイルを開く
ことも可能です。ホームスクリーンから起動するアプリでは、開くURLを
指定するURL入力欄などがないので、ここで指定したページから何らかの
形でリンクするページ以外は開くことができません。それを考慮してアプ
リを設計する必要があるでしょう。

```
"display": "standalone",
```

「display」では、アプリの表示モードを指定します。この例のように
「standalone」を指定すれば、ネイティブアプリと同様に、デバイスの
全画面を使用して動作します。また、一般のアプリのようにデバイスのOS
のステータスバーなどが表示されます。この指定が、もっともPWAらしい
動作を可能にする設定と言えるでしょう。

　他には「fullscreen」「minimal-ui」「browser」が指定可能で
す。「fullscreen」は、ステータスバーも表示せずに、デバイスの画
面全体を使う動作モードです。「minimal-ui」は、ブラウザーのナビ
ゲーション機能のための最小限のUIを表示するモードですが、それ以外は
standaloneと同様とされています。ただし、「最小限」としてどの程
度のUIを表示するかはブラウザーによって異なります。「browser」は、
ブラウザーのタブの中で動作するモードです。動作形態自体はホームスク
リーンにアイコンを登録せずにブラウザーからPWAのURLを開いた場合
と同じです。ホームスクリーンに登録したアイコンは、単なるブックマー
クのように機能します。なお、この「browser」が、「display」設定
のデフォルトとなっています。

```
"background_color": "#BD913F",
"theme_color": "#916028"
```

　「background_color」と「theme_color」は、それぞれアプリの背景色とテーマ色を指定するものです。どちらの色がどのような場面で使われるかはOSによって異なります。例えばAndroidでは、「display」の設定が「standalone」の場合、アプリ画面の上部ステータスバーには「theme_color」で指定した色が表示されます。また、アプリ起動時のスプラッシュスクリーンには「background_color」で指定した色が表示されます。

　以上、部分ごとに分割して説明したManifestの記述のコード「manifest.json」の内容全体を通して示しておきましょう。

■ manifest.json

```
{
  "name": "Temperature Converter",
  "short_name": "Temp Converter",
  "icons": [{
    "src": "icons/icon-128x128.png",
     "sizes": "128x128",
     "type": "image/png"
   }, {
     "src": "icons/icon-144x144.png",
     "sizes": "144x144",
     "type": "image/png"
   }, {
     "src": "icons/icon-152x152.png",
     "sizes": "152x152",
     "type": "image/png"
```

```
  }, {
    "src": "icons/icon-192x192.png",
    "sizes": "192x192",
    "type": "image/png"
  }, {
    "src": "icons/icon-256x256.png",
    "sizes": "256x256",
    "type": "image/png"
  }],
  "start_url": "/index.html",
  "display": "standalone",
  "background_color": "#BD913F",
  "theme_color": "#916028"
}
```

3-5　PWA化のためのindex.htmlの修正

　　Service Worker と Manifestが準備できたら、それらをアプリに読み込むための記述をindex.htmlに加えます。

　　まずManifestですが、これは<head>要素の中に、CSSファイルなどと同じように<link>タグを使って記述します。

```
<link rel="manifest" href="/manifest.json">
```

　　この例ではManifestのファイル名は「manifest.json」としています。<head>要素の中の位置は、通常のアプリ構成要素の後がよいでしょう。この例では、CSSファイルの指定の後ろ、とりあえず<head>要素の

中の最後に記述しています。

　Service Workerは、JavaScriptを使って読み込みます。まずブラウザーがService Workerをサポートしているかどうかを確認して、サポートしている場合は`register`メソッドを使ってファイル名を指定して登録します。

```
<script type="application/javascript">
  if ('serviceWorker' in navigator) {
    navigator.serviceWorker
      .register('./serviceworker.js')
      .then(function() {
        console.log('Service Worker Registered');
      });
  }
</script>
```

　Service Workerを登録するコードを実行するタイミングとしては、アプリの構成要素のJavaScriptファイルを読み込んだ後が適当です。そのJavaScriptファイルの末尾に追加しても良いのですが、ここでは`index.html`ファイルの`<body>`タグの最後に`<script>`タグを使ってJavaScriptコードを追加しています。

　ManifestとService Workerを読み込むように修正したHTMLファイル全体を以下に示します。

■index.html（修正後）
```
<!DOCTYPE html>
<html>
<head>
  <meta charset="utf-8">
  <meta name="viewport" content="width=device-width,
```

```html
initial-scale=1.0, minimum-scale=1.0,
maximum-scale=1.0">
  <title>Temperature Converter</title>
  <link rel="stylesheet" type="text/css"
href="styles/app.css">
  <link rel="manifest" href="/manifest.json">
</head>
<body>

  <header class="app-header">
    <h1 class="header-title">Temperature
Converter</h1>
  </header>

  <main class="app-main">
    <div class="content-row">
      <div class="column-half">
        <label>Fahrenheit</label>
        <input id="fahrenheitInput"
class="number-input" type="number"
min="-459.66999999999996" placeholder="華氏温度を入力">
      </div>
      <div class="column-half">
        <label>Celsius</label>
        <input id="celsiusInput" class="number-input"
type="number" min="-273.15" placeholder="摂氏温度を入力">
      </div>
    </div>
```

```
    </main>

    <script src="scripts/app.js" async></script>

    <script type="application/javascript">
      if ('serviceWorker' in navigator) {
        navigator.serviceWorker
          .register('./serviceworker.js')
          .then(function() {
            console.log('Service Worker Registered');
          });
      }
    </script>

  </body>
</html>
```

3-6　ホーム画面へのインストール

　　通常のウェブアプリに対してPWA化のためのファイルの追加や修正を
加えたら、とりあえずローカルのサーバーを使って動かしてみましょう。
ローカルサーバーからロードした場合も、モバイルデバイスなどにインス
トールして、ネイティブアプリと同様の感覚で使うことができます。
　　その前に、これまでに作成したPWAのファイル構成を確認しておきま
しょう。最初に作成したアプリに対して、PWA化のために追加したのは
「servicesworker.js」と「manifest.json」、そして「icons」

フォルダーです。いずれもアプリのトップレベル（index.htmlと同じレベル）に追加しました。「icons」フォルダーには、結局6種類のサイズのアイコン画像を保存してあります。

● PWA化した「TempConverter」のファイル構成

PWAをローカルで動かす際にも、「Web Server for Chrome」を使います。ここでは「Accessible on local network」のチェックを確実にオンにします。それにより、ローカルマシン上のウェブブラウザーだけでなく、同じLAN上にあるモバイルデバイスからもアクセス可能にしています。この例の場合、モバイルデバイスからアクセスすべきURLは「http://192.168.1.2:8887」となっています。このURLは環境によって異なるので、適宜読み替えてください。

●LAN内の他のデバイスからもアクセス可能に設定したPWA化した「Web Server for Chrome」

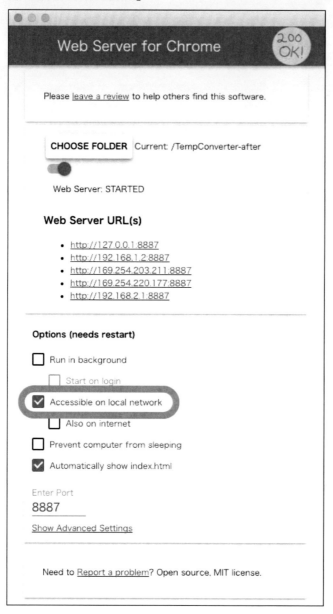

準備ができたら、モバイルデバイス（Android）上のChromeを使ってPWAを開いてみます。フォントなどは微妙に異なりますが、デスクトップ

マシン上のChromeと、ほぼ同じ画面が得られるはずです。

●モバイルデバイス上のChromeで開いた「TempConverter」のPWA

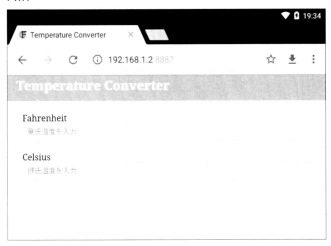

　ここで、ブラウザーのツールバーの右端にある、縦にドットが3つ連なったようなアイコンのメニューボタンをタップしましょう。メニューの中に「ホーム画面に追加」があるはずなので、それを選択します。

●モバイルデバイス上のChromeのメニューから「ホーム画面に追加」を選ぶ

　すると、「ホーム画面に追加」という確認のダイアログが表示されます。ここにはアプリのアイコンと、Manifestの「short_name」で設定した名前が表示されています。名前はこの場で編集して、別の名前にすることも可能です。ここで「追加」ボタンをタップすれば、PWAがデバイスのホーム画面に追加されます。

●PWAをホーム画面にインストールする前に確認のダイアログが
表示される

　ホーム画面に追加されたPWAは、一般のアプリと同様のアイコンと、上
のダイアログで確認した名前で表示されます。言うまでもなく、このアイ
コンをタップすれば起動することができます。

●ホーム画面にインストールしたPWAのアイコンと名前

　ホーム画面のアイコンをタップすると、Androidデバイスであれば、まず
スプラッシュスクリーンが表示されます。ここには、ホーム画面に表示され
ているものよりも大きなサイズのアイコンが中央に表示されています。また
この時点で、デバイスのステータスバーは、Manifestの「`theme_color`」
で指定した色になっていることが確認できます。またスプラッシュスク
リーン全体の背景色には、同じくManifestの「`background_color`」
で指定した色が使われています。さらに画面の底辺に近い部分には、同様
に「`name`」で指定した長めの名前が表示されています。

●Androidデバイスでアプリ起動時に
表示されるスプラッシュスクリーン

　実際に起動したアプリは、ネイティブアプリとほとんど区別ができないユーザー環境で表示され、操作することができます。温度の入力欄は、タイプが「number」に指定してあるので、アプリとして表示するキーボードも数値入力に適したものになっていることが確認できるでしょう。

●PWAとして、ネイティブアプリ同様のユーザー環境で起動した「Temp-Converter」の画面

3-7 基本的なRSSリーダーアプリの作成

3-7-1 ウェブアプリの概要

　ここまでは、温度コンバーターという、きわめてシンプルなウェブアプリを作成し、それをPWA化する過程を見てきました。ここからは、もう少し複雑なウェブアプリを作成し、それをPWA化していきます。ここで「複雑」というのは、必ずしも画面構成が複雑だったり、凝った機能を持っているという意味ではありません。もちろん、温度コンバーターに比べれば、そのようにも見えるでしょう。しかし、本質的な違いは、アプリが動作を

第3章　PWA開発の実際 | 57

開始してから、改めてネットワークにアクセスして、必要な（最新の）データを読み取り、それに基づいて画面の表示を更新する機能を備えていることにあります。

そのようなアプリの一例として、ここでは簡単なRSSリーダーを作成します。RSSリーダーそのものについて説明は不要だと思いますが、簡単に言えば、ニュースやコラム、ブログなど、定期、不定期に更新される情報を提供するウェブサイトが用意している更新情報を読み取り、その内容を画面に表示するものです。RSSから得られる内容は、通常は記事の短いサマリーのようなものです。その一覧を読者に提示することで、そこから本来のニュースやブログのウェブサイトに誘導するのが目的です。そのため、RSSにはほぼ例外なく元のサイトへのリンクが含まれています。

このアプリでは、ユーザーが入力したRSSのURLから更新情報を読み取り、その内容を簡単にフォーマットしてページに表示します。

● 「RSSリーダー」のメイン画面

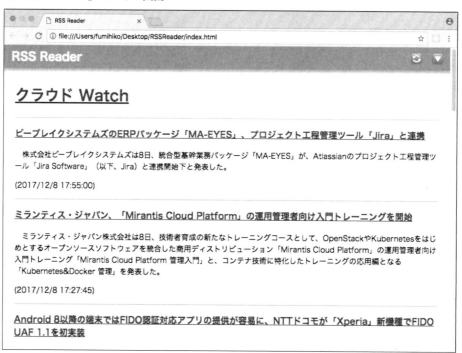

ページの最上部には、RSS情報に含まれるサイトのタイトルを表示しています。この図の例では「クラウドWatch」という部分がそれです。このタイトルには、元のウェブサイトへのリンクを埋め込んでいます。

　その下は、個々の記事のタイトルと、その内容、その記事が配信された日時を、1つの記事ごとに区切りながら表示しています。記事のタイトルにも、その記事のウェブページに対するリンクを埋め込んでいます。RSSに含まれる要約された内容では十分な情報が得られない際には、ユーザーは記事のタイトル部分をクリック（タップ）することで、容易に元のサイトにある記事全体を参照することができます。

　ページ上辺に沿ったバーの上には、左端に「RSS Reader」というアプリのタイトルを表示しています。さらに右端には、2つのボタンを配置しています。この点でも、前の「温度コンバーター」よりも若干複雑な構成になっています。2つのうち、左側のボタンは、一種のリロードボタンです。同じサイトのRSS情報を開いたまま、最新の情報に更新します。もう1つの、右側のボタンは、表示するRSSを切り替えたり、購読するRSSを追加したりするためのボタンです。クリックすると、「表示したいフィードのURLを入力／選択」というダイアログボックスを表示します。

● 「RSSリーダー」の設定ダイアログ

　このダイアログでは、「URL」欄に有効なRSSのURLを入力して「Get」ボタンをタップすることで、そのサイトの更新情報を読み込んでメイン画面に表示します。いったんここに入力したサイトのURLは、プログラム内

部に記録されます。URLが記録されたRSSサイトのタイトルは、URL欄の下のメニューに表示されるので、次からはそのメニューから選択するだけでURLを入力することができます。その後は「Get」をクリックして、メイン画面に戻れば、そのRSSの最新情報が表示されることになります。

どのようなサイトでも、RSS情報は最新の記事から一定期間、あるいは一定の本数だけ遡った記事までを配信するのが普通です。そして、1回分のRSS情報に含まれる記事は、最新のものに加え、すでに前回以前の配信の際にも含まれていた古いものが、少しずつオーバーラップするようになっています。本格的なRSSリーダーは、サイトから取得したRSS情報を過去の分までずっと蓄積します。そして、新たに取得した情報から、すでにローカルに保存してあるオーバーラップ分を差し引いて、最新の情報だけを記録に付加していくような処理を含んでいます。それによって、元のサイトのRSS情報からは消えてしまった過去記事の情報も、RSSリーダー側に蓄積した情報からたどることができます。ただし、ここで作成するRSSリーダーは、そうした過去の情報の蓄積機能は割愛しています。つまり、RSSサイトからその時点で得られた情報だけを常に表示します。それは、PWAとしての機能に重点を置き、それ以外の機能はできるだけ簡素にするためです。PWAの技術とは直接関係ありませんが、そのあたりは練習問題として取り組んでみるのも良いでしょう。

3-7-2 HTMLファイルの作成

このアプリでも、基本的なレイアウトは、HTMLで構成しています。アプリのタイトルを表示しているヘッダー部分に2つのボタンを配置しているので、その部分は、温度コンバーターよりも少しだけ複雑になっています。

とはいえ、実際には温度コンバーターにもあった`<header>`内に、`<button>`を2つ加えているだけです。

`<header class="app-header">`

---

60 第3章 PWA 開発の実際

```html
  <h1 class="header-title">RSS Reader</h1>
  <button type="button" id="selectButton"
class="header-button">&#x1F53D;</button>
  <button type="button" id="reloadButton"
class="header-button">&#x1F504;</button>
</header>
```

　これらのボタンには、それぞれ「selectButton」と
「reloadButton」というIDを付け、JavaScriptによるイベント
処理で識別しています。ボタンのタイトルには一種の絵文字を使用し、
下向きの三角形（Unicodeの「1F53D」）と、円状の矢印（Unicodeの
「1F504」）を設定しています。これらの文字は表示する環境によって見え
方が異なりますが、たいていは意味の分かる範囲内のバリエーションにな
ると思われます。これは、あくまでサンプルプログラムに限った措置です
が、実際に一般に公開するようなアプリの場合には、環境によらず一定の
デザインとするために、ボタン用の画像を用意するなどすべきでしょう。
次節3-8「RSSリーダーアプリのPWA化」でこのアプリをPWA化する際
には、絵文字の代わりに画像を使うようにしています。

　RSSの内容を表示する本体部分は、タグも含めて内容をJavaScriptで生
成しているので、HTMLは、「content」というIDを付けた<div>タグ
を置いているだけとなっています。

```html
<main class="app-main">
  <div class="content-row">
    <div id="content"></div>
  </div>
</main>
```

　RSSリーダーのHTMLで最も大きな領域を占めているのは、RSSのURL
を入力、または選択するダイアログボックス部分です。このダイアログ部

分は、大きくはヘッダーとボディの2つに別れています。

　まずはじめに置いているのが、ダイアログのタイトルと、閉じるための「×」ボタンを配置しているヘッダー部分です。ここには「dialog-header」というクラスを設定しています。

　次に登場する「dialog-body」クラスで囲った部分がダイアログのボディ、つまり本体です。この中は、さらに大きく2つに別れています。

　最初は、「inline-elements」というクラスを付けた部分で、文字通り複数の要素を横一列に並べています。それらの要素とは、まず「URL」というラベル、次がURLを入力するフィールド、最後が「Get」ボタンです。URL入力フィールドはtypeを「url」に設定し、モバイル環境では、URLを入力しやすいキーボードレイアウトになるようにしています。また、「フィードのURLを入力」というプレースホルダーを表示しています。ボタンには「urlButton」というIDを付けて、あとで見るJavaScriptの中で、このボタンの操作に対するイベント処理を実行するようになっています。

　ダイアログのボディの残りの部分は、「feedSelect」というIDを付けた<select>要素で、これによって記録されたRSSのタイトルを選択するメニューを表示しています。最初はメニューの内容は空です。ここにも、JavaScriptによって選択肢のリストをダイナミックに埋め込むことになります。

```
<div id="urlDialog" class="dialog">
  <div class="dialog-content">
    <div class="dialog-header">
      <span class="close-button"
id="closeDialog">&times;</span>
      <h3>表示したいフィードのURLを入力／選択</h3>
    </div>
    <div class="dialog-body">
```

```html
      <div class="inline-elements">
        <label class="input-label" >URL</label>
        <input id="urlInput" class="input-body"
type="url" placeholder="フィードのURLを入力">
        <button type="button" id="urlButton"
class="input-button">Get</button>
      </div>
      <select id="feedSelect"
class="dialog-select">
      </select>
    </div>
  </div>
</div>
```

これまでに説明した3つの部分を含むHTML全体を以下に示します。

■ index.html

```html
<!DOCTYPE html>
<html>
<head>
  <meta charset="utf-8">
  <meta name="viewport" content="width=device-width,
initial-scale=1.0">
  <title>RSS Reader</title>
  <link rel="stylesheet" type="text/css"
href="styles/app.css">
</head>
<body>
```

```html
  <header class="app-header">
    <h1 class="header-title">RSS Reader</h1>
    <button type="button" id="selectButton"
class="header-button">&#x1F53D;</button>
    <button type="button" id="reloadButton"
class="header-button">&#x1F53D;</button>
  </header>

  <main class="app-main">
    <div class="content-row">
      <div id="content"></div>
    </div>
  </main>

  <div id="urlDialog" class="dialog">
    <div class="dialog-content">
      <div class="dialog-header">
        <span class="close-button"
id="closeDialog">&times;</span>
        <h3>表示したいフィードのURLを入力／選択</h3>
      </div>
      <div class="dialog-body">
        <div class="inline-elements">
          <label class="input-label" >URL</label>
          <input id="urlInput" class="input-body"
type="url" placeholder="フィードのURLを入力">
          <button type="button" id="urlButton"
class="input-button">Get</button>
```

```html
        </div>
        <select id="feedSelect"
class="dialog-select">
        </select>
      </div>
    </div>
  </div>

  <script src="scripts/app.js" async></script>

</body>
</html>
```

3-7-3　CSSファイルの作成

　ここでもCSSは、レイアウト上の装飾的な記述だけで、PWAとしての動作に関わる部分は特にありません。そこで細かな解説は省略します。

　温度コンバーターに比べるとかなり記述が増えていますが、増えているのはアプリのヘッダー上に配置したボタン（header-button）に関するものと、ダイアログに関するものです。

　一方、このアプリでは特にレスポンシブなレイアウトの変更は必要ありません。そのため、温度コンバーターのCSSに記述したメディアクエリによるレイアウトの変更機能は必要ないのですが、そのまま残してあります。つまり、このRSSリーダー用のCSSは、各所の色の設定などを除くと、そのまま温度コンバーターでも利用できるはずです。必要な記述を加えたり、変更したりすれば、他のアプリに対しても応用できるでしょう。

　以下にRSSリーダーのCSSファイル全体を示します。

■ app.css

```css
* {
  box-sizing: border-box
}

html, body {
  padding: 0;
  margin: 0;
  height: 100%;
  width: 100%;
}

.app-header {
  width: 100%;
  height: 48px;
  color: #FFF;
  background: #40A0C8;
  position: fixed;
  box-shadow: 0 2px 8px 3px rgba(0, 0, 0, 0.35);
}

.header-title {
  font-size: 24px;
  margin: 6px 0 0 16px;
  float: left;
}
```

```css
.header-button {
  font-size: 24px;
  margin: 8px 8px 0 0;
  float: right;
  background: transparent;
  border: none;
  outline: none;
}

.app-main {
  padding-top: 50px;
  padding-left: 12px;
  padding-right: 12px;
}

.column-half {
  float:left;
  width:50%
}
@media (max-width:600px) {
  .column-half{width:100%}
}

.content-row,.content-row>.column-half {
  padding:10px 12px
}
```

```css
.dialog {
  display: none;
  position: fixed;
  z-index: 1;
  left: 0;
  top: 0;
  width: 100%;
  height: 100%;
  overflow: auto;
  background-color: rgba(0,0,0,0.5);
}

.dialog-content {
  position: relative;
  background-color: #fff;
  margin: 20% auto;
  padding: 0;
  width: 50%;
}

.dialog-header {
  padding: 2px 16px;
  color: white;
  background-color: #5aa;
}

.dialog-body {
```

```css
  padding: 12px 16px 24px 16px;
}

.close-button {
  color: #ccc;
  float: right;
  font-size: 30px;
  font-weight: bold;
}

.close-button:hover,
.close-button:focus {
  color: #111;
  text-decoration: none;
  cursor: pointer;
}

.inline-elements {
  overflow: hidden;
  margin-bottom: 20px;
}

.input-label {
  padding: 8px;
  font-size: 14px;
  float: left;
  width: 10%;
```

```css
}

.input-body {
  overflow:visible;
  padding:8px 8px 8px 8px;
  font-size: 11px;
  border:1px solid #bbb;
  float: left;
  width: 78%;
}

.input-button {
  padding: 8px;
  font-size: 12px;
  float: right;
  width: 10%;
  background-color: #4CAF50;
  border: none;
  color: white;
}

.dialog-select {
  padding: 8px;
  width: 50%;
  font-size: 18px;
  display: block;
  margin: 0 auto;
```

```
}
```

3-7-4　JavaScriptファイルの作成

　JavaScriptは前の温度コンバーターに比べると、いくぶん規模が大きな
ものに見えますが、それほど複雑な処理を実行しているわけではありませ
ん。大きく3つの部分に分けて考えることができます。

　まず1つめは、JavaScriptファイルの冒頭で、このアプリケーションのプ
ロパティとして、appというオブジェクトを定義している部分です。そのあ
との2つめは、ユーザーの操作によって発生するイベントの処理を、HTML
によって配置した要素に対して付加するためのコードが続きます。そして
3つめとしては、このアプリ固有のファンクションとして、RSSフィード
をリロードして画面に表示する機能と、ダイアログボックス内のフィード
のリスト（メニュー）項目をアップデートする機能を実装しています。も
ちろんこの部分が、RSSリーダーとしての機能の肝になる部分です。また、
あとでこのアプリをPWA化する際にも、必要に応じて手を加えなければな
らないのは、この3つめの部分です。

●アプリのプロパティ

　最初のパートのオブジェクトの定義を見ておきましょう。といっても、
ここで定義しているのは、2つの変数だけです。1つはfeedUrlという
文字列で、その名前の通り、RSSフィードのURLを一時的に記憶するもの
です。もう1つはfeedListという配列の配列です。これは、いったん
アクセスしたRSSフィードのURLとそのタイトルを記憶しておくためのも
のです。ここでは、RSSフィードとタイトルを別々の配列に記録していま
す。それは、後に出てくるHTMLによるメニューの生成を容易にするため
です。別々の変数としてオブジェクトに記録してもよいのですが、それら
2つの配列をfeedListという1つの配列（要素は2つ）にまとめている

のです。

```
var app = {
  feedUrl: '',
  feedList: [[], []],
};
```

●イベント処理

　このプログラムでは、全部で5つのイベントに対する処理を記述しています。いずれも、ユーザーがHTML要素を操作した場合に発生するイベントに対するリスナーを定義する形で、イベント処理を記述しています。いずれも短い処理だけなので、1つずつ見ていきましょう。

　まず1つめは、一種のツールバーとして機能させているヘッダー部分に配置した「リロード」ボタンのクリックに対する処理です。このボタンの機能は、すでにアプリの概要で説明したように、RSSフィードを再読み込みするものです。そのため、この処理の中では、あとで出てくるapp.reloadFeedファンクションを呼び出しています。その際に、上で定義したプロパティのapp.feedUrlを渡しています。つまりこのファンクションは、引数として渡されたURLのRSSフィードを読み込むものなのです。

```
document.getElementById('reloadButton')
.addEventListener('click', function() {
  app.reloadFeed(app.feedUrl);
});
```

　2つめは、やはりヘッダーに配置した「選択」ボタンに対するイベント処理です。ユーザーがこのボタンをクリックすると、1つのダイアログが開きます。そこでは、RSSフィードのURLを直接入力するか、またはメニューから選択することになります。ここでは、イベントに対して、そのダイアログを表示する処理を実行するように設定しています。ダイアログは、通

常はdisplayスタイルに「none」を設定して隠していますが、ここでは、そのスタイルに「block」を設定して表示させます。

```
  document.getElementById('selectButton')
.addEventListener('click', function() {
    document.getElementById('urlDialog')
.style.display = "block";
  });
```

3つめは、アプリ本体ではなく、ダイアログのヘッダー部分に配置した「閉じる」ボタンのクリックに対するイベントを処理するものです。言うまでもなく、これはダイアログを閉じるためのボタンです。そこで、ダイアログのdisplayスタイルに「none」を設定して、隠すようにしています。

```
  document.getElementById('closeDialog')
.addEventListener('click', function() {
    document.getElementById('urlDialog')
.style.display = "none";
  });
```

4つめは、ダイアログの本体部分のURL入力欄の右に配置した「Get」ボタンに対するイベント処理です。プログラム上では「urlButton」という名前になっています。このボタンは、URL入力欄に入力されている文字列を読み取り、それをapp.reloadFeedプロパティに記録してから、さらにそれを引数としてapp.reloadFeedファンクションを呼び出します。もちろん、それによってURL欄に入力されたURLが示すRSSフィードの内容を読み込んで表示するためのものです。実際には、今説明した一連の処理の前に、ダイアログ自体を閉じる処理を実行しています。

```
  document.getElementById('urlButton')
.addEventListener('click', function() {
    document.getElementById('urlDialog')
```

```
.style.display = "none";
    app.feedUrl =
document.getElementById('urlInput').value;
    app.reloadFeed(app.feedUrl);
});
```

　最後のイベント処理は、記録されているRSSフィードを選択するメニューの操作に対するものです。メニューを表示する<select>要素の値が変化したら、つまりユーザーがメニューを操作して、それまでとは異なる項目を選ぶと呼び出されるファンクションを記述しています。その中では、メニューから選ばれたRSSフィードのタイトルに対応するURLの文字列を、<select>要素のすぐ上にあるURL入力欄に書き込んでいるだけです。それだけでは、まだリロードは実行されません。ユーザーがその後に「Get」ボタンをクリックすることで、メニューから選んだRSSフィードが実際に読み込まれることになります。

```
document.getElementById('feedSelect')
.addEventListener('change', function() {
    document.getElementById('urlInput').value =
document.getElementById('feedSelect').value;
});
```

●RSSフィード処理

　ここでは、JavaScriptファイル内に定義した2つのファンクション app.reloadFeedと、そこから呼び出されるapp.updateFeedList、そしてアプリ起動時に最初に直接実行する処理を、仮に「RSSフィード処理」と名付けて説明します。

　はじめに出てくるapp.reloadFeedは、すでに説明したように、ユーザーによるボタン操作の帰結として呼び出されるものです。その操作には

2種類がありました。1つは、アプリのヘッダーに配置した「リロード」ボタンをクリック、またはタップした場合。もう1つは、RSSフィードのURLを入力／選択するダイアログで「Get」ボタンを操作した場合です。前者の場合には、引数として直前に読み込んだRSSフィードのURLが、そのまま渡されます。後者の場合には、ボタンの左隣にあるURL入力欄に入力されているURLの文字列を引数として呼び出されます。

このファンクションの中身は、本書で示すサンプルコードの中では長いものになっていますが、実行していることは単純です。与えられたURLのRSSフィードを読み込んで、適当にフォーマットして画面に表示する、ということだけです。そのために、ここではXMLHttpRequestを利用して、RSSフィードを読み込んでいます。ただし、一般のRSSフィードは、XMLで記述されているため、そのままではブラウザーのクロスドメインの制限に引っかかって、RSSフィードを提供しているサードパーティのサーバーから直接読み取ることができません。そこで、「Yahoo! Developer Network」が提供しているYQL（Yahoo Query Language）のAPIを利用することにしました。このAPIを使えば、指定したサイトからXMLを取得し、それをJSONに変換してから受け取ることができます。これはPWAに限らずブラウザー上で動作するアプリにとって非常に便利なサービスですが、それに関する説明は本書の本題とは外れます。詳しくはYQLのサイトそのもの（https://developer.yahoo.com/yql/）を参照してください。

ともあれ、XMLHttpRequstを使ったapp.reloadFeedファンクションは、リクエストに対する応答が正しく受信された場合の処理の部分を省略すると、だいたい以下のような構造となっています。

```
app.reloadFeed = function(url) {
  var request = new XMLHttpRequest();
  request.onreadystatechange = function() {
    if (request.readyState === XMLHttpRequest.DONE)
{
```

```
    if (request.status === 200) {
        // リクエストに対する応答を受信した後の処理
    }
  }
}
let qURL = 'https://query.yahooapis.com/v1/public
/yql?format=json&q=select * from xml where url="' +
url + '"';
request.open('GET', qURL);
request.send();
}
```

つまり、まずXMLHttpRequestオブジェクトrequestを作成し、その後にrequestの状態が変化した際、つまり応答を受け取った際に呼び出されるファンクションを定義したあと、requestにYQLのURL（RSSフィードのURLをパラメータとして含む）を与えてopenし、そのままsendします。あとは、応答があったときに、非同期で上記のファンクションが呼び出されるわけです。

応答を処理するファンクションの中身を細かく説明すると、本書の本題とはかなり離れてしまうので、だいたいの処理の流れだけを説明します。特に、RSSフィードの細かなフォーマットは、サイトによって微妙に異なるため、その違いを吸収するための条件判断の処理が多くなっています。全体の流れとしては、まずJSONとして得られたリクエストの中身をJSON.parseファンクションによって解析し、RSSフィードの内容の表示のために必要なオブジェクトに変換してresultsに代入します。あとは、そのresultsから必要なデータを少しずつ取り出して、表示用のHTMLデータを生成し、そのままブラウザーに表示していく、ということになります。

HTMLの生成と表示についてだけ、もう少し説明を加えておきましょう。

まずRSSフィードのタイトルに、そのサイトへのリンクを埋め込んだもの
をHTMLの文字列として作成し、HTMLファイルの中にあらかじめ用意し
た<content>タグの部分に書き込みます。その下には、RSSフィードに
含まれる個々の記事の内容を、元のJSONに含まれているだけ、すべて表
示します。その際には記事の配列をitemsとして得たあと、mapファン
クションによって配列の要素を列挙する形で、その内容を反映したHTML
を生成し、1つの記事ごと、<content>タグの部分に追加しています。

　以上簡単に説明したapp.reloadFeedファンクション全体のコード
については、少し後で掲載するapp.js全体のコードを参照してください。

　一方、「RSSフィード処理」としてくくった部分の処理には、もう1つの
ファンクションapp.updateFeedListも含まれています。これは、ダ
イアログに表示するメニュー（<select>要素）のデータを更新するため
のものです。このファンクションは、ユーザーが新たなURLを入力して、
RSSフィードの読み込みが成功した場合に呼び出されます。ここでは、す
でにそのURLがリストに含まれているかどうかを、まずチェックします。
そして、配列の要素として存在しない場合のみ、そのURLをリストに追
加しています。その際には、RSSフィードのURLとタイトルを、それぞれ
feedList配列の「0番めの要素の配列」と「1番めの要素の配列」の新
たな要素として追加します。配列への追加が済むと、そのまま配列の内容
からメニュー表示用のHTMLを生成して更新します。また、その最後に追
加したURLに対応するメニューが選択された状態で表示されるようにして
います。

```
app.updateFeedList = function(url, title) {
  if (app.feedList[0].indexOf(url) === -1) {
    app.feedList[0].push(url);
    app.feedList[1].push(title);
    let rawHtml = "";
    for (let i in app.feedList[0]) {
```

```
        rawHtml += '<option value="' +
app.feedList[0][i] + '">' + app.feedList[1][i] +
'</option>';
    }
    document.getElementById('feedSelect').innerHTML
= rawHtml;
    }
    document.getElementById('feedSelect').value =
url;
  }
```

　このJavaScriptファイルの最後の部分には、このアプリが起動して
JavaScriptがロードされた際に最初に実行されるコードを含んでいます。
それは、デフォルトのRSSフィードのURLを設定し、その内容を表示する
ものです。そのために app.reloadFeed ファンクションを使っていま
す。これによって、メニューにも、そのURLとタイトルが設定されること
になります。

```
  app.feedUrl =
'http://cloud.watch.impress.co.jp/cda/rss/cloud.rdf'
  app.reloadFeed(app.feedUrl);
```

　少し長くなりますが、以下にRSSリーダーのJavaScriptファイル全体を
示します。

■ app.js
```
(function() {
  'use strict';

  var app = {
```

78 ｜ 第3章　PWA開発の実際 ｜

```javascript
    feedUrl: '',
    feedList: [[], []],
  };

  document.getElementById('reloadButton')
.addEventListener('click', function() {
    app.reloadFeed(app.feedUrl);
  });

  document.getElementById('selectButton')
.addEventListener('click', function() {
    document.getElementById('urlDialog')
.style.display = "block";
  });

  document.getElementById('closeDialog')
.addEventListener('click', function() {
    document.getElementById('urlDialog')
.style.display = "none";
  });

  document.getElementById('urlButton')
.addEventListener('click', function() {
    document.getElementById('urlDialog')
.style.display = "none";
    app.feedUrl =
document.getElementById('urlInput').value;
    console.log(app.feedUrl);
```

```javascript
    app.reloadFeed(app.feedUrl);
  });

  document.getElementById('feedSelect')
.addEventListener('change', function() {
    document.getElementById('urlInput').value =
document.getElementById('feedSelect').value;
  });

  app.reloadFeed = function(url) {
    var request = new XMLHttpRequest();
    request.onreadystatechange = function() {
      if (request.readyState === XMLHttpRequest.DONE)
{
        if (request.status === 200) {
          var response =
JSON.parse(request.response);
          var results = response.query.results;
          if (results.RDF) {
            results = results.RDF;
          } else if (results.rss) {
            results = results.rss;
          }
          let tLink = results.channel.link;
          if (typeof tLink !== 'string') {
            tLink = tLink[0];
          }
          let rawHtml = '<a href="' + tLink + '"
```

80 第3章 PWA開発の実際

```javascript
target="_blank"><h1>' + results.channel.title +
'</h1></a><hr>';
        document.getElementById('content')
.innerHTML = rawHtml;
        app.updateFeedList(url,
results.channel.title);
        var items = results.item;
        if (!items && results.channel.item) {
          items = results.channel.item;
        }
        items.map(function(item) {
          let rawHtml = '<a href="' + item.link +
'" target="_blank"><h3>' + item.title + '</h3></a>';
          if (item.description) {
            let desc =
document.createElement('html');
            desc.innerHTML = item.description;
            let pText =
desc.getElementsByTagName('p')[0];
            if (pText) {
              rawHtml += '<p>' + pText.innerText +
'</p>';
            } else {
              rawHtml += '<p>' + item.description +
'</p>';
            }
          }
          if (item.date) {
            rawHtml += '<p>(' + new
```

```
Date(item.date).toLocaleString() + ')</p><hr>';
            } else if (item.pubDate) {
                rawHtml += '<p>(' + new
Date(item.pubDate).toLocaleString() + ')</p><hr>';
            }
            document.getElementById('content')
.innerHTML += rawHtml;
        })
    }
  }
}
    let qURL = 'https://query.yahooapis.com/v1/public
/yql?format=json&q=select * from xml where url="' +
url + '"';
    console.log(qURL);
    request.open('GET', qURL);
    request.send();
  }


  app.updateFeedList = function(url, title) {
    if (app.feedList[0].indexOf(url) === -1) {
      app.feedList[0].push(url);
      app.feedList[1].push(title);
      let rawHtml = "";
      for (let i in app.feedList[0]) {
        rawHtml += '<option value="' +
app.feedList[0][i] + '">' + app.feedList[1][i] +
'</option>';
```

```
      }
      document.getElementById('feedSelect').innerHTML
= rawHtml;
    }
    document.getElementById('feedSelect').value =
url;
  }


  app.feedUrl =
'http://cloud.watch.impress.co.jp/cda/rss/cloud.rdf'
  app.reloadFeed(app.feedUrl);


})();
```

3-7-5　RSSリーダーの動作確認

　ここまでのコードで、とりあえずRSSリーダーとして機能するものができたはずなので、動作を確認しておきましょう。「とりあえず」と書いたのは、このプログラムは、あとでPWA化することを前提として設計しているため、ここまででは必要最小限の機能しか動作しないからです。そのため、最初から登録されている1つのRSSフィードを除くと、プログラム起動後に登録したRSSフィードのメニューは、アプリを再起動するたびにクリアされてしまいます。いったん読み込んだRSSフィードの名前とURLを記憶して、次回以降の再起動後も使えるようにするための機能はPWAとして用意するアプリのキャッシュに頼っているのです。

　それはともかく、ここまでの成果を確認しておきましょう。この時点では、特にローカルにサーバーを用意しなくても、ブラウザーで直接HTMLファイルを開くことで動作します。

第3章　PWA開発の実際 | 83

●PWA化前の「RSSリーダー」のHTMLファイルを直接ブラウザーで開く

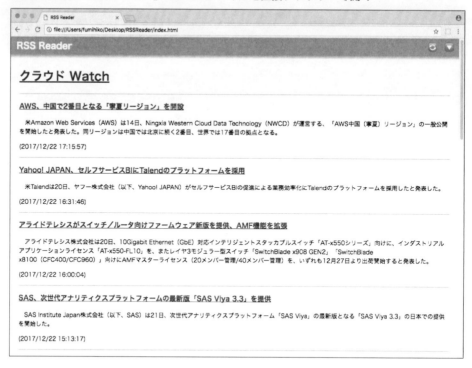

　初期状態の画面では、プログラムに組み込んだ「クラウドWatch」のRSSフィードを表示します。この「クラウドWatch」は、だいたい標準的なボリューム、構成のRSSフィードを提供しています。各記事の内容としては、リンク付きのタイトル、最大で百数十字程度の記事のサマリー、そして配信日時が表示されます。

　この画面から、右上角近くにある「選択」ボタンをクリックすると、「表示したいフィードのURLを入力／選択」というタイトルのダイアログが表示されます。そのダイアログのURL欄に、ここでは例として「http://feeds.japan.cnet.com/rss/cnet/all.rdf」というURLを入力しています。

●フィードのURL入力欄にCNET JapanのRSSフィードのURLを入力する

このURLの拡張子は.RDFとなっていますが、一般的な.XMLに加えて、この拡張子も有効です。URLを入力してから「Get」をクリックすれば、メイン画面に戻って、こんどは「CNET Japan 最新情報　総合」というタイトルで、RSSフィードの内容が表示されます。このサイトも標準的な内容のRSSを提供しています。

●メイン画面に戻ると、「CNET Japan 最新情報　総合」のRSSフィードの内容が表示される

この状態から再び「選択」ボタンをクリックすると、また「表示したいフィードのURLを入力／選択」ダイアログが表示されます。ただし、こんどはURL欄に先ほど入力したURLが表示されているだけでなく、メニューは「CNET Japan 最新情報　総合」が選択された状態になっています。もちろん、メニューの選択肢には、元の「クラウドWatch」も残っているので、簡単に表示を切り替えることができます。

●RSSフィードの選択メニューには新たに「CNET Japan 最新情報　総合」が追加され、選択された状態になっている

　念のため、また別のURLを入力してみましょう。今度はYahoo! JAPANのIT関連ニュースのRSSフィードで、拡張子が.XMLのものです。

●フィードのURL入力欄にYahoo! JAPANのRSSフィードのURLを入力する

　再び「Get」ボタンをクリックしてダイアログを閉じると、「Yahoo!ニュース・トピックス - IT」のRSSフィードの内容が表示されます。

●再びメイン画面に戻ると、「Yahoo!ニュース・トピックス - IT」のRSSフィードの内容が表示される

　このサイトのRSSフィードは、元のサイトの記事へのリンク付きのタイトルと、配信日時の情報は含んでいますが、記事のサマリーは配信していません。そのため、当然ながら、このプログラムでは表示されません。
　すでに述べたように、PWA化前のプログラムは、ユーザーが入力したRSSフィードを、メニュー項目としてローカルな変数に記録しているだけで、永続的な記憶領域には記録していません。そのため、このウェブアプリをリロードすると、前回起動後に登録されたメニュー項目は、すべてクリアされてしまいます。

●現状のウェブアプリは、再起動するとメニュー項目が初期化されてしまう

もちろん、この課題は、このあとアプリをPWA化することによって解決します。

3-8　RSSリーダーアプリのPWA化

3-8-1　Service Workerの記述

　RSSリーダーアプリをPWA化する手順の第1歩として、前の例の温度コンバーターのときと同じくService Workerを記述するところから始めましょう。RSSリーダーのService Workerの内容は、その温度コンバーターと共通する部分も少なくないのですが、当然ながら異なる部分もあり、拡張されている部分もあるので、最初から一通り見ていくことにしましょう。
　まず先頭のキャッシュ名を表す変数の定義ですが、ここでは`cacheName`として「`rssReader`」を設定しています。

```
var cacheName = 'rssReader';
```

　このキャッシュ名は、データ部分を除くアプリ本体（シェル）の構成要素を記憶しておくためのキャッシュ用です。温度コンバーターの説明でも述べたように、プログラムをアップデートしながら開発、リリースしてい

くような場合には、この名前にバージョン名を付け、アプリの構成要素を
更新するたびにバージョン番号を変更するようにしたほうがよいでしょう。
　次に、温度コンバーターと同様に、アプリ本体用のキャッシュに記憶さ
せるファイルの名前を、変数 filesToCache に配列として設定します。

```
var filesToCache = [
    '/',
    '/index.html',
    '/scripts/app.js',
    '/styles/app.css',
    '/images/reload24.png',
    '/images/rss24.png'
];
```

　このプログラムもファイル構成としては単純で、HTMLとJavaScriptと
CSSが、それぞれ1つずつです。ただし、RSSリーダーでは、それらの基
本要素に加えて、画像ファイルを2つ加えています。これらは、アプリの
ルートレベルに作る「images」フォルダーに格納するもので、ファイル
名はそれぞれ「reload24.png」と「rss24.png」としています。
　これらは、PWA化する前のRSSリーダーではアプリのヘッダー部分に絵
文字を使って表示していた2つのボタンを、絵文字の代わりに画像として
表示するためのものです。PWAにすると、モバイルデバイスをはじめとし
て動作環境が必然的に広くなることを考慮して、機種に対する依存度の高
い絵文字の使用はやめました。念のために、2つの画像をここに示してお
きます。

第3章　PWA開発の実際 **89**

●絵文字から置換した画像

◀「リロード」ボタン用の画像「reload24.png」

◀「選択」ボタン用の画像「rss24.png」

　なお、両画像のファイル名に含まれる「24」という数字は、画像のサイズを表しています。この場合、24×24ピクセルの正方形の枠内に収まるようなものとなっています。アプリのヘッダーの高さを考えると、その中に配置するボタン用の画像としては、これくらいのサイズが適当だと判断しました。

　次に、温度コンバーターにはなかったものですが、dataCacheNameという変数に「rssData」という名前を設定しています。

```
var dataCacheName = 'rssData';
```

　これはその名の通りデータキャッシュ用の名前で、RSSリーダーとして読み込んだRSSフィードのデータを記憶するためのキャッシュの名前です。PWA化したRSSリーダーでは、アプリの基本的な構成要素と、アプリで利用するデータを、別々のキャッシュに記憶することにしました。これはそのうち後者のキャッシュの名前ということになります。

　この後は、イベントリスナーの定義が続きます。その中で処理するイベントは、もちろんいずれもService Workerに関するもので、「install」「activate」「fetch」の3つです。このイベントの種類については、温度コンバーターの場合と変わりません。

　また、Service Worker自体のインストールイベントの処理に関しては、アプリケーションの構成や機能に影響される部分はないので、installイベントについての処理の内容は、温度コンバーターのものと寸分違いま

せん。念のために、そのファンクションの内容を示しておきますが、説明については3-3「Service Workerの記述」を参照してください。

```javascript
self.addEventListener('install', function(event) {
  console.log('ServiceWorker installing');
  event.waitUntil(
    caches.open(cacheName).then(function(cache) {
      console.log('ServiceWorker Caching app shell');
      return cache.addAll(filesToCache);
    })
  );
});
```

　同様にService Workerのアクティベートイベントに対する処理も、アプリによる違いはほとんどありません。従って基本的な処理の流れは、温度コンバーターの場合と同じです。ただし、RSSリーダーにはデータ専用のキャッシュを導入したので、それに対応する部分に違いがあります。

　このactivateイベントに対する処理の中では、キャッシュのキーを調べて、それが最新のService Workerのものより古ければ、キャッシュの中身ごと削除していました。そこで調べるキャッシュのキーには、アプリのシェルのキャッシュを表すcacheNameだけでなくdataCacheNameを加えています。それは、アプリシェルが更新されても、データキャッシュの構造が変わらない限り、データキャッシュが削除されてしまうのを防ぐためです。そこで、chacheNameとdataCacheNameの両方が実際のキャッシュのキーと異なる場合のみ、キャッシュの内容を削除するようにしています。

```javascript
self.addEventListener('activate', function(event) {
  console.log('ServiceWorker activating');
  event.waitUntil(
```

```
    caches.keys().then(function(keyList) {
      return Promise.all(keyList.map(function(key) {
        if (key !== cacheName && key !==
dataCacheName) {
          console.log('ServiceWorker removing old
cache', key);
          return caches.delete(key);
        }
      }));
    })
  );
  return self.clients.claim();
});
```

　温度コンバーターと比べてもっとも違いが大きいのは、3番めのフェッチイベントに対する処理の内容です。そのイベントは、PWAがウェブ上のリソースをリクエストすると発生するものでした。RSSリーダーの場合には、ウェブ上のリソースには2種類あって、1つはアプリの構成要素そのもの、もう1つはRSSフィードのデータです。そこで、それぞれに異なる処理を実行するようにします。

　まず、リクエストがアプリシェルに対するものなのか、それともRSSのフィードデータに対するものなのかは、リクエストのURLで判断しています。ここでは、リクエストのURLの中に、XMLをJSONに変換するために利用しているYahoo! APIのURLが含まれている場合には、RSSフィードデータに対するリクエストだと判断し、含まれていなければアプリシェルに対するものだと判断しています。

　リクエストがアプリシェルに対するものであった場合の処理は、温度コンバーターと同じです。リクエストされたURLがキャッシュの中にあれば、

とりあえずそれを返し、キャッシュ内に該当するファイルがない場合には、ネットワーク上のリソースをフェッチして返すことになります。

　リクエストがRSSフィードのデータに対するものであった場合には、処理の流れ自体がアプリシェルの場合とは異なります。実は、読み込みたいRSSフィードのデータがキャッシュの中に含まれているかどうかについては、後で変更するJavaScriptのプログラム app.js の中で調べています。そして、キャッシュの中に求めるURLのフィードデータがある場合は、とりあえずそれを取り出して表示します。そして、目的のフィードデータがキャッシュされていた場合も、されていなかった場合も、その後に XMLHttpRequest によってRSSフィードデータをフェッチします。もちろん、その結果によって画面に表示する内容も更新します。このような動作によって、キャッシュされていてもいなくても、ネットワークが使える場合には、最終的には最新のRSSデータが表示されることになります。その際、もしキャッシュにあれば、それは古いデータかもしれませんが、とりあえずそれを表示し、ネットワークからレスポンスが返ってきた時点で自動的に更新するのです。もしネットワークが不調であれば、キャッシュのデータが表示されたままになります。こうした動作によって、PWAとして、キャッシュとネットワークの両方を最大限有効に活用できることになります。

　話が横道にそれかかりましたが、Service Worker の fetch イベントの話に戻しましょう。このイベントが発生する際には、キャッシュの内容には関係なく、ネットワークに対してRSSデータをリクエストしていることになります。そこで、その処理をここで実行するわけですが、ネットワークからのフェッチが成功した場合には、その内容を単に返すだけでなく、キャッシュにも保存しておきます。その際、レスポンスはクローンしてからキャッシュに書き込んでいます。そうしないと、レスポンスの内容がここで消費されてしまい、もともとリクエストを出した app.js に届かなくなってしまうからです。

　話が長くなりましたが、この Service Worker のフェッチイベント処理で

は、フェッチしたRSSデータをキャッシュに保存して、キャッシュの内容を常に最新の状態に更新する役目を果たしているわけです。

```javascript
self.addEventListener('fetch', function(event) {
  console.log('ServiceWorker fetching ',
event.request.url);
  var baseUrl = 'https://query.yahooapis.com/';
  if (event.request.url.indexOf(baseUrl) > -1) {
    console.log('fetch request for feed data');
    event.respondWith(
      caches.open(dataCacheName).then(function(cache)
{
        return
fetch(event.request).then(function(response){
          cache.put(event.request.url,
response.clone());
          return response;
        });
      })
    );
  } else {
    console.log('fetch request for app shell');
    event.respondWith(
      caches.match(event.request)
.then(function(response) {
        return response || fetch(event.request);
      })
    );
  }
```

```
});
```

以上、主要な部分に分けて説明した RSS リーダーの Service Worker の全体を、以下に示します。

■ serviceworker.js

```
var cacheName = 'rssReader';

var filesToCache = [
    '/',
    '/index.html',
    '/scripts/app.js',
    '/styles/app.css',
    '/images/reload24.png',
    '/images/rss24.png'
];

var dataCacheName = 'rssData';

self.addEventListener('install', function(event) {
  console.log('ServiceWorker installing');
  event.waitUntil(
    caches.open(cacheName).then(function(cache) {
      console.log('ServiceWorker Caching app shell');
      return cache.addAll(filesToCache);
    })
  );
});
```

```javascript
self.addEventListener('activate', function(event) {
  console.log('ServiceWorker activating');
  event.waitUntil(
    caches.keys().then(function(keyList) {
      return Promise.all(keyList.map(function(key) {
        if (key !== cacheName && key !==
dataCacheName) {
          console.log('ServiceWorker removing old
cache', key);
          return caches.delete(key);
        }
      }));
    })
  );
  return self.clients.claim();
});

self.addEventListener('fetch', function(event) {
  console.log('ServiceWorker fetching ',
event.request.url);
  var baseUrl = 'https://query.yahooapis.com/';
  if (event.request.url.indexOf(baseUrl) > -1) {
    console.log('fetch request for feed data');
    event.respondWith(
      caches.open(dataCacheName).then(function(cache)
{
        return
```

```
fetch(event.request).then(function(response){
        cache.put(event.request.url,
response.clone());
        return response;
      });
    })
  );
} else {
  console.log('fetch request for app shell');
  event.respondWith(
    caches.match(event.request)
.then(function(response) {
      return response || fetch(event.request);
    })
  );
}
});
```

3-8-2　Manifestの記述

　　RSSリーダーのPWA化のために用意したManifestは、基本的に温度コンバーターのPWA化に使用したものと変わりません。もちろん、アプリの名前やアイコン画像のファイルの内容は異なっています。また背景色やテーマカラーも変えてあります。

　　RSSリーダー用のManifestファイル「manifest.json」の全体を以下に示します。

■ manifest.json

```json
{
  "name": "RSS Reader",
  "short_name": "RSS Reader",
  "icons": [{
    "src": "icons/icon-128x128.png",
      "sizes": "128x128",
      "type": "image/png"
    }, {
      "src": "icons/icon-144x144.png",
      "sizes": "144x144",
      "type": "image/png"
    }, {
      "src": "icons/icon-152x152.png",
      "sizes": "152x152",
      "type": "image/png"
    }, {
      "src": "icons/icon-192x192.png",
      "sizes": "192x192",
      "type": "image/png"
    }, {
      "src": "icons/icon-256x256.png",
      "sizes": "256x256",
      "type": "image/png"
    }],
  "start_url": "/index.html",
  "display": "standalone",
```

```
    "background_color": "#30B090",
    "theme_color": "#808080"
}
```

RSSリーダーの場合、そもそも名前は短いので、「name」と「shortname」は、いずれも同じ「RSS Reader」としてあります。

3-8-3　HTMLの修正

PWA化のためのHTMLの修正は、基本的な部分については温度コンバーターの場合と同様です。ただし、Service Workerを読み込む機能については、JavaScriptファイルに移行することにしました。Service Workerの読み込みは、もともとJavaScriptで記述するものですが、温度コンバーターの場合には、それもHTMLファイルにスクリプトを埋め込んで対処していたのでした。というのも、温度コンバーターでは、PWA化のためにJavaScriptの本質的な部分の書き換えが不要だったため、どうせならJavaScriptファイルをまったく書き換えずに済むようにしたかったからです。

念のために、<head>タグ内に書いたManifestの読み込み部分も、取り出して示しておきましょう。

```
<link rel="manifest" href="/manifest.json">
```

これについては、ファイル名も含めて温度コンバーターと違いはありません。

直接PWAの機能とは関係ありませんが、すでに述べたように、PWAのついでにヘッダーに配置するボタンを絵文字から画像に変更しました。それを実現するための変更はHTMLにあります。<header>内の<button>内に<img>を埋め込んでいます。

```
<header class="app-header">
```

```
    <h1 class="header-title">RSS Reader</h1>
    <button type="button" id="selectButton"
class="header-button"><img
src="images/rss24.png"></button>
    <button type="button" id="reloadButton"
class="header-button"><img
src="images/reload24.png"></button>
  </header>
```

　その他、アプリのメインコンテンツ部分は、PWA化前のものと何ら変わりません。PWA化したHTML全体を以下に示します。

■ index.html
```
<!DOCTYPE html>
<html>
<head>
  <meta charset="utf-8">
  <meta name="viewport" content="width=device-width,
initial-scale=1.0">
  <title>RSS Reader</title>
  <link rel="stylesheet" type="text/css"
href="styles/app.css">
  <link rel="manifest" href="/manifest.json">
</head>
<body>

  <header class="app-header">
    <h1 class="header-title">RSS Reader</h1>
    <button type="button" id="selectButton"
class="header-button"><img
```

100 第3章　PWA開発の実際

```html
src="images/rss24.png"></button>
    <button type="button" id="reloadButton"
class="header-button"><img
src="images/reload24.png"></button>
  </header>

  <main class="app-main">
    <div class="content-row">
      <div id="content"></div>
    </div>
  </main>

  <div id="urlDialog" class="dialog">
    <div class="dialog-content">
      <div class="dialog-header">
        <span class="close-button"
id="closeDialog">&times;</span>
        <h3>表示したいフィードのURLを入力／選択</h3>
      </div>
      <div class="dialog-body">
        <div class="inline-elements">
          <label class="input-label" >URL</label>
          <input id="urlInput" class="input-body"
type="url" placeholder="フィードのURLを入力">
          <button type="button" id="urlButton"
class="input-button">Get</button>
        </div>
        <select id="feedSelect"
```

```
class="dialog-select">
        </select>
      </div>
    </div>
  </div>

  <script src="scripts/app.js" async></script>

</body>
</html>
```

3-8-4 JavaScriptの修正

　　RSSリーダーのPWA化のための変更としては、JavaScriptファイルの中身に手を加えている部分が比較的多くなっています。とはいえ、すでに述べたようなService Workerを読み込むためのコードの追加を除くと、主要な変更は `app.reloadFeed` ファンクションの中に集約したので、他の部分の変更はほとんどありません。

　　その `app.reloadFeed` ファンクションですが、完全なコードは後でまとめて示すので、ここでは枠組みだけを示し、その中で実行している内容はコメントとして記述してみました。

```
app.reloadFeed = function(url) {
  let qURL = 'https://query.yahooapis.com/v1/public
/yql?format=json&q=select * from xml where url="' +
url + '"';
  if ('caches' in window) {
    //キャッシュにマッチするエントリーがあれば
```

```
    //キャッシュからRSSフィードを読み込んで画面を更新
}
var request = new XMLHttpRequest();
request.onreadystatechange = function() {
    //リクエストに対する応答があったら
    //応答からJSONを取り出して画面を更新
}
request.open('GET', qURL);
request.send();
}
```

　まずPWA化前のコードと異なるのは、Yahoo! APIに対するクエリを含む
URLを設定したあと、キャッシュの状態を調べていることです。キャッシュ
自体が存在しなければ、PWA化前のコードと同様、`XMLHttpRequest`
によってYahoo! APIを通してRSSフィードを読み込み、画面表示を更新
します。キャッシュが存在する場合は、上で設定したクエリのURLに一致
するエントリーがあるかどうかを調べ、あればそのキャッシュからデータ
を取り出して画面を更新します。

　もう1つ異なるのは、プログラムの最後に現在のRSSフィードのURL
を記憶している`app.feedUrl`と、それを使ってメニューに表示する
RSSフィードのリストを記憶する変数`app.feedList`を初期化する部
分です。PWA化前は、単純に`app.feedUrl`にデフォルトのサンプル
用のURL「`http://cloud.watch.impress.co.jp/cda/rss
/cloud.rdf`」を代入し、その直後に`app.reloadFeed`ファンク
ションを呼び出しました。これによって、画面にそのURLのフィードの内
容を表示しつつ、そのURLをリストに登録していました。

　PWA化後のコードでは、まず、`app.feedList`を、ローカルストレー
ジから読み込もうとします。その読み込みがうまくいった場合には、キャッ

シュにJSON形式で記録してあったフィードリストが取り出せたことになるので、その情報からapp.feedListの内容を再構築し、そのリストの最初の要素のフィードを画面に表示し、フィードメニューを再構成します。ローカルストレージからの読み込みができなかった場合は、PWA化前のプログラムと同様の初期化を実行した後、その時点のapp.feedListの内容をローカルストレージに保存しています。これらの処理を実現するために、app.feedListの内容をJSON形式でローカルストレージに保存するapp.saveFeedListと、app.feedListの内容からメニュー表示用のHTMLを作成するapp.rebuildFeedMenuファンクションも追加してあります。

```
app.saveFeedList = function() {
  var feedList = JSON.stringify(app.feedList);
  localStorage.feedList = feedList;
};


app.rebuildFeedMenu = function() {
  let rawHtml = '';
  for (let i in app.feedList[0]) {
    rawHtml += '<option value="' +
app.feedList[0][i] + '">' + app.feedList[1][i] +
'</option>';
  }
  document.getElementById('feedSelect').innerHTML =
rawHtml;
}


app.feedList = localStorage.feedList;
if (app.feedList) {
```

```javascript
    app.feedList = JSON.parse(app.feedList);
    app.reloadFeed(app.feedList[0][0]);
    app.rebuildFeedMenu();
  } else {
    app.feedList = [[], []];
    app.feedUrl =
'http://cloud.watch.impress.co.jp/cda/rss/cloud.rdf'
    app.reloadFeed(app.feedUrl);
    app.saveFeedList();
  }
```

　最後に、HTMLから移行したService Workerを読み込むためのコードは、このファイルの最後の部分に記述します。これは、このファイルが最初に読み込まれるときに1回だけ実行されることになります。内容は、温度コンバーターではHTML内に書いていたものと同じですが、念のために取り出して示しておきましょう。

```javascript
if ('serviceWorker' in navigator) {
  navigator.serviceWorker
        .register('./serviceworker.js')
        .then(function() {
            console.log('Service Worker
Registered');
        });
  }
```

　PWA化のために変更したJavaScript全体を以下に示します。

■ app.js
```javascript
(function() {
```

```javascript
'use strict';

var app = {
  feedUrl: '',
  feedList: [[], []],
};

document.getElementById('reloadButton')
.addEventListener('click', function() {
  app.reloadFeed(app.feedUrl);
});

document.getElementById('selectButton')
.addEventListener('click', function() {
  document.getElementById('urlDialog')
.style.display = "block";
});

document.getElementById('closeDialog')
.addEventListener('click', function() {
  document.getElementById('urlDialog')
.style.display = "none";
});

document.getElementById('urlButton')
.addEventListener('click', function() {
  document.getElementById('urlDialog')
.style.display = "none";
```

```javascript
    app.feedUrl =
document.getElementById('urlInput').value;
    app.reloadFeed(app.feedUrl);
  });

  document.getElementById('feedSelect')
.addEventListener('change', function() {
    document.getElementById('urlInput').value =
document.getElementById('feedSelect').value;
  });

  app.reloadFeed = function(url) {
    let qURL = 'https://query.yahooapis.com/v1/public
/yql?format=json&q=select * from xml where url="' +
url + '"';
    if ('caches' in window) {
      caches.match(qURL).then(function(response) {
        if (response) {
          response.json().then(function
reloadFromCache(json) {
            var results = json.query.results;
            console.log('loaded from cache: ',
results);
            app.updateFeedDisplay(url, results);
          });
        }
      });
    }
```

```javascript
    var request = new XMLHttpRequest();
    request.onreadystatechange = function() {
      if (request.readyState === XMLHttpRequest.DONE)
{
        if (request.status === 200) {
          var response =
JSON.parse(request.response);
          var results = response.query.results;
          console.log('loaded from net: ', results);
          app.updateFeedDisplay(url, results);
        }
      }
    }
    request.open('GET', qURL);
    request.send();
  }

  app.updateFeedDisplay = function(url, results) {
    if (results.RDF) {
      results = results.RDF;
    } else if (results.rss) {
      results = results.rss;
    }
    let tLink = results.channel.link;
    if (typeof tLink !== 'string') {
      tLink = tLink[0];
    }
```

```javascript
    let rawHtml = '<a href="' + tLink + '" target
="_blank"><h1>' + results.channel.title +
'</h1></a><hr>';
    document.getElementById('content').innerHTML =
rawHtml;
    app.updateFeedList(url, results.channel.title);
    var items = results.item;
    if (!items && results.channel.item) {
      items = results.channel.item;
    }
    items.map(function(item) {
      let rawHtml = '<a href="' + item.link + '"
target="_blank"><h3>' + item.title + '</h3></a>';
      if (item.description) {
        let desc = document.createElement('html');
        desc.innerHTML = item.description;
        let pText =
desc.getElementsByTagName('p')[0];
        if (pText) {
          rawHtml += '<p>' + pText.innerText +
'</p>';
        } else {
          rawHtml += '<p>' + item.description +
'</p>';
        }
      }
      if (item.date) {
        rawHtml += '<p>(' + new
```

```javascript
Date(item.date).toLocaleString() + ')</p><hr>';
    } else if (item.pubDate) {
      rawHtml += '<p>(' + new
Date(item.pubDate).toLocaleString() + ')</p><hr>';
    }
    document.getElementById('content').innerHTML +=
rawHtml;
  })
}

app.updateFeedList = function(url, title) {
  if (app.feedList[0].indexOf(url) === -1) {
    app.feedList[0].push(url);
    app.feedList[1].push(title);
    app.saveFeedList();
    app.rebuildFeedMenu();
  }
  document.getElementById('feedSelect').value =
url;
}

app.saveFeedList = function() {
  var feedList = JSON.stringify(app.feedList);
  localStorage.feedList = feedList;
};

app.rebuildFeedMenu = function() {
```

```javascript
    let rawHtml = '';
    for (let i in app.feedList[0]) {
      rawHtml += '<option value="' +
app.feedList[0][i] + '">' + app.feedList[1][i] +
'</option>';
    }
    document.getElementById('feedSelect').innerHTML =
rawHtml;
  }

  app.feedList = localStorage.feedList;
  if (app.feedList) {
    app.feedList = JSON.parse(app.feedList);
    app.reloadFeed(app.feedList[0][0]);
    app.rebuildFeedMenu();
  } else {
    app.feedList = [[], []];
    app.feedUrl =
'http://cloud.watch.impress.co.jp/cda/rss/cloud.rdf'
    app.reloadFeed(app.feedUrl);
    app.saveFeedList();
  }

  if ('serviceWorker' in navigator) {
    navigator.serviceWorker
            .register('./serviceworker.js')
            .then(function() {
                console.log('Service Worker
```

```
Registered');
        });
    }
})();
```

3-8-5 PWAとしての動作チェック

　RSSリーダーとしての基本的な動作は、すでにPWA化の前に確認しています。また、PWA化したアプリの特徴的な動作についても、温度コンバーターのPWA化の際に確認できています。ここではRSSリーダーのPWA化の手順に間違いがなかったかどうかを確かめる目的で、簡単に動作確認しておきましょう。なお、RSSリーダーをPWA化したことによる特徴的な機能については、第4章「PWAのデバッグ」で、細かく確認していくことにします。

　まず、PWA化によって追加されたファイルだけでなく、元のRSSリーダーの構成要素も含めて、PWA化されたRSSリーダーの構成を確認しておきましょう。

●PWA化されたRSSリーダーの全構成要素

名前		変更日	サイズ
▼ 📁 styles		2017年9月26日 17:14	--
	📄 app.css	2017年12月26日 20:34	2 KB
📄 serviceworker.js		2017年12月27日 20:23	2 KB
▼ 📁 scripts		2017年9月25日 19:23	--
	📄 app.js	2017年12月26日 20:33	5 KB
📄 manifest.json		2017年10月8日 18:08	686 バイト
📄 index.html		昨日 18:40	1 KB
▼ 📁 images		2017年10月8日 17:38	--
	🖼 rss24.png	2017年10月8日 14:08	2 KB
	🖼 reload24.png	2017年10月8日 17:38	2 KB
▼ 📁 icons		2017年10月5日 20:16	--
	⚫ icon-256x256.png	2017年10月5日 20:14	36 KB
	⚫ icon-192x192.png	2017年10月5日 20:14	27 KB
	⚫ icon-152x152.png	2017年10月5日 20:15	21 KB
	⚫ icon-144x144.png	2017年10月5日 20:15	20 KB
	⚫ icon-128x128.png	2017年10月5日 20:16	17 KB
	⚫ icon-32x32.png	2017年10月5日 20:16	3 KB
⚫ favicon.ico		2017年10月5日 20:01	4 KB

　PWA化のために追加したのは、アプリのトップレベルに置いた`serviceworker.js`、`manifest.json`の両ファイルと、`images`、`icons`の各ディレクトリです。`images`は、PWAとしての動作には直接関係ありませんが、アプリのヘッダーのボタンの図柄のための2つの画像を含んでいます。これにより、動作環境によってボタンの図柄が変化してしまうことを防ぐことができます。もう1つの`icons`は、PWAとしてデバイスにインストールする際に使われる各種サイズのアイコン画像を含んでいます。

　PWAとしての動作を確認する際には、`index.html`を直接開いて動かすわけにはいきません。何らかのサーバーが必要となるので、温度コンバーターのときと同じChromeの拡張機能の「Web Server for Chrome」を使います。

●PWA化されたRSSリーダーを動かすためにWeb Server for Chromeを立ち上げて、必要な設定を施した

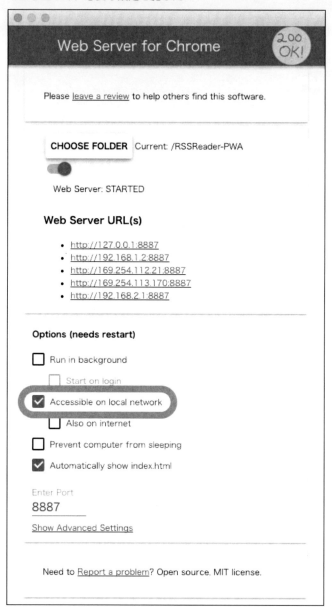

　ここでは、同じネットワーク内のモバイルデバイスからもアクセスできるように、オプションとして「Accessible on local network」のチェック

をオンにしています。

表示されるURLに従って、LAN経由でアクセス可能な「`http://192.168.1.2:8887`」をAndroidデバイスのChromeで開いてみました。

●同じLAN上にあるAndroidデバイスから、PWA化したRSSリーダーのURLを開いた

この状態では、少なくとも見た目は単なるウェブアプリとして、Chromeのタブ上で動いていますが、アプリのヘッダーに配置したボタンの画像は確認できます。

　ここで、Chromeのメニューから「ホーム画面に追加」を選んでAndroidのホーム画面にRSSリーダーのアイコンを追加します。これにより、PWAをそのデバイスに「インストール」することになります。

●RSSリーダーを開いたAndroidのChromeのメニューから「ホーム画面に追加」を選ぶ

　その際には、「ホーム画面に追加」というダイアログが表示され、ホーム画面のアイコンに添えるアプリ名を確認し、必要に応じて変更することもできます。ここでは、そのまま「RSS Reader」にしておきます。

●PWAをデバイスにインストールする際には、アイコンに添える名前を編集できる

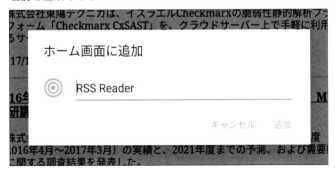

デバイスのホーム画面に追加されたアイコンをタップすれば、RSSリーダーはPWAとして起動します。もはやChromeのタブやアドレスバーは表示されず、一般のアプリと同様の画面構成で動作することが確認できます。

●PWAとして動作したRSSリーダー

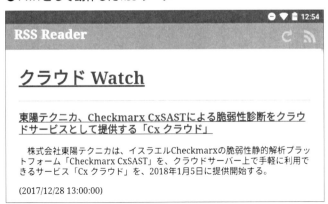

これ以降の操作は、PWA化以前と同様ですが、こんどはいったんアプリを終了してから再び起動しても、以前に読み込んだRSSフィードの内容や、メニュー項目が維持されていることが確認できるはずです。メニューからRSSフィードを選択すると、とりあえず以前に読み込んだ（古い）情報が表示され、その時点での更新があれば、ネットワークからの応答がありしだい、自動的に最新情報に更新されるはずです。

第4章　PWAのデバッグ

PWAのデバッグには、一般のウェブアプリに比べて難しいものがあります。特にSevice Workerの動きは、いつどのように呼び出されるのか、慣れないと予想が難しいこともあるため、追従するのが困難なことも少なくありません。もし、PWAのデバッグを助けるようなツールが何もなければ、その作業はさらに難度の高いものになるでしょう。しかし、PWAのデバッグのためには優れたツールが存在しています。しかも、それはどこからかダウンロードしてインストールする必要もありません。そのツールは、あらかじめPWAをサポートするブラウザーに標準的に組み込まれているからです。ここでもGoogle Chromeを使って、デベロッパーツールの一種として組み込まれているPWA専用のデバッグツールの概要と使い方を見ていきましょう。

4-1　Google ChromeのApplicationパネルを利用する

　これ以前に、PWAをデバッグする以外の目的で、Google Chromeのデベロッパーツールを使ったことがあるという人も少なくないでしょう。「表示」メニューの「開発/管理」サブメニューから「デベロッパー ツール」を選べば表示できます。

●Chromeの「表示」メニューの「開発/管理」から「デベロッパーツール」を選ぶ

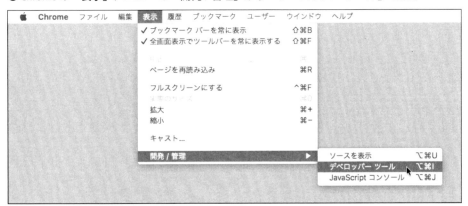

　このサブメニューには「JavaScript コンソール」という項目も見えます。実は、このJavaScriptコンソールもデベロッパーツールの一部なので、こちらを選んでもデベロッパーツールを表示することができます。違いは、「JavaScript コンソール」を選べば、何種類もあるツールの中から、必ずJavaScriptコンソールが選ばれた状態で開くのに対し、「デベロッパー ツール」を選ぶと、それ以前の最後に使っていたツールが選ばれた状態で開くということだけです。ということは、「デベロッパー ツール」を選んでも、「JavaScript コンソール」が開くこともあるわけです。それはともかくとして、ここでは「デベロッパー ツール」を選びましょう。

　デベロッパーツールの表示領域の上辺にはメニューバーのようなバーが配置されています。これはメニューではなく、それぞれのタイトル部分を

クリックしてツールを切り替えるためのボタンになっています。感覚としてはタブのようなものです。この中には「PWA」が見当たらないと思われるかもしれませんが、がっかりする必要はありません。PWA専用のデバッグツールは、「Application」という名前になっています。そこをクリックすれば、PWA専用のデバッグツールが使えるようになります。

●PWAがロードされていない状態の「Application」ツール

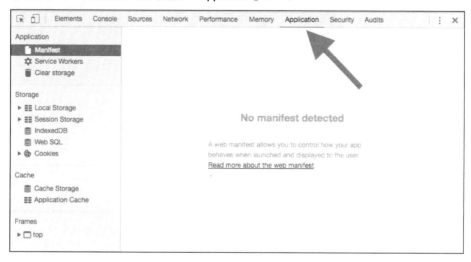

Applicationを選ぶと、左側のコラムには、「Application」「Storage」「Cache」「Frames」という領域に分かれて複数のメニュー状のボタンが配置されています。これだけでも、このツールの充実ぶりがわかるというものです。

このApplicationのデバッグツールは、PWAをロードしていない状態でも選ぶことができますが、当然ながらその場合には何の機能を果たすこともできません。左側のコラムから「Manifest」を選んでも「No manifest detected」と表示されるだけです。ManifestがなければPWAとして機能していないということになります。もし、アプリをPWA化したつもりでも、思ったように動かず、デバッグツールのApplicationを開いてもManifestが検出されないのであれば、何か根本的な部分で誤っていることになるでしょ

う。ファイル構成や、ファイルを置いている位置を確認してみましょう。

4-2　ManifestペーンでManifestの設定を確認する

　前の章で作った「RSS Reader」を使って、PWAをデバッグするための
デベロッパーツールの基本的な使い方を見ていきましょう。前章の第3章
「PWA開発の実際」でも示したように、PWAとしての動作を確認するには、
アプリ本体をサーバーから読み込んで起動する必要があります。ここでも、
まずはWeb Server for Chromeを使って、ローカルのサーバーを起動して
PWAを動かします。

　PWAとして動作した状態では、Applicationのデバッグツールにも意味
のある内容が表示されます。まずは左のコラムのApplication領域にある
「Manifest」を再び選んで、内容を確認しましょう。

●PWAがロードされた状態の「Application」ツールの「Manifest」の内容

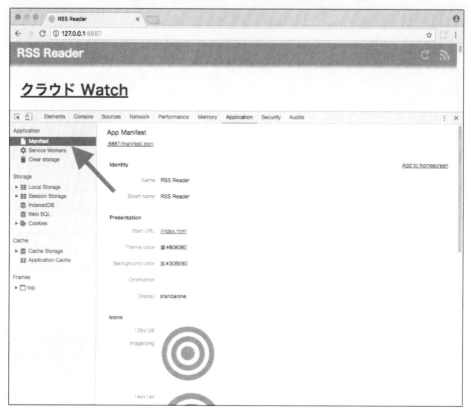

　PWAとして正しくロードされていれば、このツールにはManifestファイルの内容が、ほぼそのまま表示されます。アプリケーションの名前を表す「Name」と「Short name」、アプリケーションのステータスバーや、スプラッシュスクリーンの色を表す「Theme color」と「Background color」も確認できます。さらにアイコンは、Manifestで指定した各種サイズの画像が、実際に表示される場合と同じイメージで視覚的に確認できます。

　このツールは、主にManifestの内容を確認するためのものであって、何かを操作して動作を確認したり、設定を変更して違いを確認するという機能は、1つしか備えていません。その1つとは、「Identity」の領域にある「Add to homescreen」というリンクによるもので、これを使ってデバイスのホーム画面に追加する機能を試してみることができます。とはいえ、こ

のリンクを使って、実際の携帯デバイスのホーム画面に直接PWAをインストールできるわけではありません。実機へのインストール動作を試すには、3-2「ローカルウェブサーバーの利用」で示したようにローカルのサーバーを用意して、ネットワーク経由でモバイルデバイスからアクセスしてみるのが確実です。ただし、開発用のデスクトップ機とターゲットのデバイスをUSBケーブルで接続するChromeのリモートデバッグ機能を使えば、実機を動作環境としたデバッグが可能となり、そこではホーム画面への追加機能も試せるはずです。それについては、守備範囲を超えるので、本書では扱いません。

　ここでは、デスクトップのブラウザー上で「Add to homescreen」リンクの効果を試してみることにしましょう。実機の動作とは異なるものの、Manifestの記述に重大な誤りがないかどうか、少なくともこの範囲では正しく動作しているかどうかは確認することができます。

　PWAがロードされた状態で「Add to homescreen」をクリックすると、Chromeのアドレスバーのアドレス入力欄の左端に「このサイトをシェルフに追加するといつでも使えるようになります。」というポップアップが表示されます。そのポップアップの右端には「追加」ボタンと、ポップアップ自体を閉じて操作をキャンセルする「×」ボタンも表示されています。「追加」をクリックしてみましょう。

●「Manifest」の「Identity」にある「Add to homescreen」をクリックすると、このようなポップアップが表示される

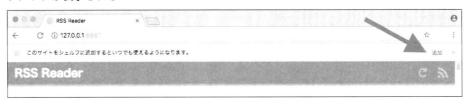

　すると今度は、実機でPWAをホーム画面に追加する際に表示されるのとよく似た構成の「アプリケーションに追加」ダイアログが表示されます。ここではPWAのアイコンと名前を確認し、必要なら名前は変更することが

できます。

●「Add to homescreen」をクリックすると表示されるポップアップの「追加」ボタンをクリックすると、このようなダイアログが表示される

　ここでは、そのまま「追加」をクリックしましょう。これで操作は完了です。その後Chromeにインストールされたアプリを確認すると、それ以前からインストールされていたものに加えて「RSS Reader」が追加されていることが確認できます。

●Chromeのアプリウィンドウ（chrome://apps）に追加された「RSS Reader」

　言うまでもなく、この「RSS Reader」のアイコンをクリックすれば、

RSS Readerを直ちに起動することができます。モバイルデバイス以外の
Chrome上でも、普段からいろいろなアプリを利用するようなユーザーな
ら、Chromeの拡張機能として作成されたアプリとほとんど区別なくPWA
も活用できるようになります。ブックマークに登録するよりも手軽にPWA
を起動できるので、非常に便利です。

4-3　Service WorkerペーンでService Workerの動作を確認する

　次に、デベロッパーツールの左のコラムのApplication領域にある「Service
Workers」を選んで、PWAが動作している状態での表示内容を確認しま
しょう。

●PWAがロードされた状態の「Application」ツールの「Service Workers」の内容

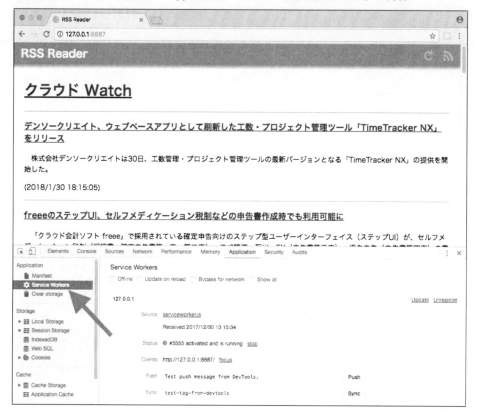

　この表示では、まず最上部に「Service Workers」というタイトルがあり、その下に「Offline」「Updated on reload」「Bypass for network」「Show all」という4つのチェックボックスが並んでいます。

　「Offline」は、これをオンにすることで、このアプリについてだけ一時的にネットワークからオフライン状態にすることができます。これはPWAならではのオフライン動作の確認に便利です。これについては少し後で実際に試してみることにします。

　「Updated on reload」をオンにすると、PWAをリロードするたびに、Service Workerを強制的にアップデートするようになります。これはユーザーが実際にPWAを利用する際の動作とは異なるもので、完全にデバッグ用のものです。少し後で見るように、Service Workerは、元のファイルが変更され

ても、次のリロードではすぐにアップデートされないようになっています。これは、それ以前のバージョンのService Workerが記憶させたストレージやキャッシュとの整合を保つためです。新しいService Workerはいったんアップデートが保留されたまま動作します。その間にPWA本体の動作でデータの整合性を確保してから、次のリロードで新しいService Workerがアクティブになるようにできています。とはいえ、デバッグ時には、その保留状態がもどかしいこともあるため、その場合にはこのチェックボックスをオンにして、新しいService Workerをリロードの後、直ちにアクティブにできるようになっているのです。

「Bypass for network」をオンにすると、ブラウザーのリクエストは、Service Workerをバイパスして、直接ネットワークに行くようになります。つまり、これは一時的にPWAとしての動作をやめて、一般のウェブアプリのような動作をさせるためのものです。それによって、Service Workerの動作に不具合が疑われる際に、それを分離してウェブアプリ単体の動作を確認し、原因の究明に役立てることができます。

「Show all」は、その時点でブラウザーのウィンドウ、またはタブで表示しているPWAのService Workerだけでなく、ブラウザーに登録されているすべてのService Workerについての情報を表示するためのものです。もちろん異なるPWAのService Workerは互いに独立して動作しているので、他のService Workerの動作に影響を与えることはないはずですが、その時点で動作していないPWAのService Workerも確認できるので、ブラウザー全体の状況を把握するには有効な場合があるかもしれません。

　現在デバッグ中のPWAのService Workerについてだけ見ると、そのPWAをホストしているサーバーのIPアドレスごとに、Service Workerを記述しているファイルの名前、それをロードした日時、Service Workerの動作状況、サーバーのURL、プッシュ通知とデータ同期のテストボタンが並んでいます。右上には、「Update」と「Unregister」のボタン（リンク）が見えます。前者は、Service Workerを強制的にアップデートさせるためのもので、上の「Updated on reload」をオンにする代わりに、このボタンを

クリックしたタイミングで、強制的にアップデートを実行できます。後者はService Workerの登録を解除、つまりService Workerがロードされていない状態に戻すものです。これも、問題の原因を切り分ける際に役立つ可能性があります。

　Service Workerは、ファイルの内容が1バイトでも異なれば、自動的にアップデートされるようにできています。その際には、上で述べたように、いったんアクティベートが保留になります。その状態も、このService Workerのデベロッパーツールで確認できます。

●新しいバージョンのService Workersは、アクティブな状態になる前に、いったん保留される

「Status」欄では、現在動作中のService Workerに加えて、アクティベートが保留されたService Workerが「waiting to activate」という状態になっていることが確認できます。ここで、その保留中のServie Workerの右にある「skipWaiting」をクリックすれば、保留状態を強制的に解除して、新しいService Workerを直ちにアクティブな状態にすることも可能です。

●「skipWaiting」をクリックして新しいバージョンの Service Workers をアクティブな状態にした

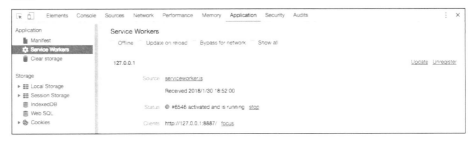

　このような一連の動作の流れは、デベロッパーツールの「Console」でも確認できます。第3章「PWA開発の実際」で示したRSS Readerのプログラムには、Service Workerの中のあちこちに、コンソールにログを表示するコードが埋め込んでありました。その結果、新しいService Workerがアクティブになる際には、「ServiceWorker installing」「ServiceWorker Caching app shell」「ServiceWorker activating」という3つのログが表示されます。

● RSS Reader の Service Worker に埋め込んだコードにより、Service Worker の動作にしたがってコンソースにログが出力される

　Service Workerのデベロッパーツールの中でも、もっとも劇的な効果を発揮するのは「Offline」のチェックボックスでしょう。すでに述べたように、これをオンにすると、このアプリに関してだけネットワーク通信が遮断されます。その際、デベロッパーツールの「Network」の左側にも黄色い「注意」マークが付けられるので、他のツールを開いている状態でも、オフライン状態であることが確認できます。

●「Offline」のチェックボックスをオンにすると、デバッグ中のアプリだけネットワーク通信を遮断できる

　この状態でPWAをリロードしてみると、ネットワーク通信ができなくなるので、それについてのエラーは発生しますが、PWAとしての表示には特に問題は発生していません。これは、3-8「RSSリーダーアプリのPWA化」で示したように、ネットワークがオフの場合には、ローカルストレージからアプリをロードし、キャッシュに蓄えたデータを読みこんで表示するようなプログラムになっているからです。もちろんこのままでは、最新の情報は表示できませんが、ユーザーから見れば、アプリとして特に破綻なく動作しているように見えます。オフラインが短時間であれば、そうなったことに気づかないこともあるでしょう。

●PWAとして正しく動作していれば、「Offline」のチェックボックスをオンにしてアプリをリロードしても、画面の表示は以前と同様に保たれる

4-4　Clear storageペーンでサイトデータをクリアする

　デベロッパーツールの「Application」の左のコラムのApplication領域には、もう1つ「Clear storage」があります。これはゴミ箱のアイコンからも想像できるように、ストレージの内容を消去するためのものです。

●PWAのブラウザーストレージの利用状況を確認し、個別に削除できる「Clear storage」ペーン

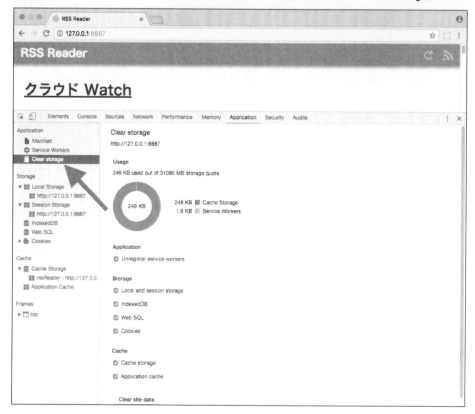

　このツールでは、まず「Usage」領域でストレージの利用状況を円グラフと数字で確認することができます。その下の「Application」領域では、Service Workerの登録解除の機能をオン・オフします。メインの「Storage」領域では、ローカルおよびセッションストレージ、IndexedDB、ウェブSQL、クッキーについて、ストレージ領域の消去を別々にオンオフできます。また「Cache」領域では、キャッシュストレージとアプリケーションキャッシュのオンオフをそれぞれ設定できます。

　いちばん下の「Clear site data」ボタンをクリックすると、以上のチェックボックスで設定した内容に基づいて消去を実行します。つまり、チェックがオンになっているストレージやキャッシュの内容が消去されるわけです。このような機能は、PWAの動作を、初期状態から再確認したいような

場合に特に便利です。

4-5　Storageペーンでストレージを管理する

「Application」のデベロッパーツールの左のコラムには、Storage領域があって、ストレージの内容を確認したり、個別に内容を消去したりすることができるようになっています。この領域は、ストレージの種類ごと、「Local Storage」「Session Storage」「IndexedDB」「Web SQL」「Cookies」に分かれていて、それぞれ選択することで内容を確認できます。

　RSS Readerのアプリでは、ローカルストレージに、feedListというキーで、いったん読み込んだRSSフィードのURLと名前の配列を記録していました。それを使ってRSSサイトのメニューを表示していたわけです。このアプリを起動した直後の状態で「Local Storage」の下の、ローカルサーバーのURLをクリックすると、確かにデフォルトのfeedListが記録されています。その内容は、URLとサイト名、それぞれ1つずつの要素を持った配列が、さらに1つの配列の要素になったものです。

●Local Storageの内容を確かめると、RSS Readerで記録しているRSSサイトのURLと名前の配列を確認できる

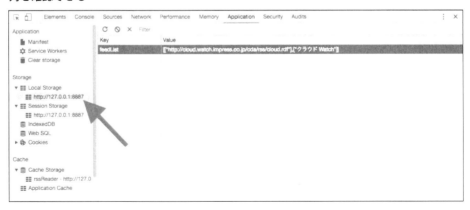

次に、プログラムを実際に動かして、いくつかのRSSサイトを登録した状態のローカルストレージを見てみましょう。同じキー、`feedList`の値が増えているのが分かります。

●実際にいくつかのRSSサイトをメニューに登録した後のLocal StorageのfeedListの内容を確かめる

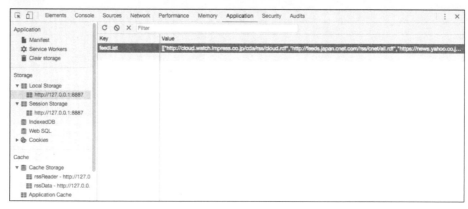

　ただし、このツールの表示では値の欄に改行が入らないので、長い配列の内容などは分かりにくくなっています。そこで、内容をテキストとしてコピーしたものに、若干の整形を加えたものを下に示します。

```
[
  [
    "http://cloud.watch.impress.co.jp/cda/rss/cloud.rdf",
    "http://feeds.japan.cnet.com/rss/cnet/all.rdf",
    "https://news.yahoo.co.jp/pickup/computer/rss.xml"
  ],
  [
    "クラウド Watch",
    "CNET Japan 最新情報　総合",
```

```
    "Yahoo!ニュース・トピックス - IT"
  ]
]
```

　この例では、全部で3つのRSSフィードが登録されています。それぞれのサイトのURLの文字列が1つの配列、それらの名前の文字列がもう1つの配列となり、その2つの配列を要素とする1つの配列が、`feedList`の中身であることが確認できます。これは第3章のプログラムで説明した通りの構造となっています。

4-6　Cacheペーンでキャッシュの内容を確認する

　Storage領域の下には、もう1つ「Cache」領域があります。これは、上のストレージ同様に、キャッシュの内容を確認したり、個別に消去したりすることを可能にするものです。この領域は、「Cache Storage」と、「Application Cache」に分かれています。前者には、Service Workerで作成し、必要に応じて内容を更新しているキャッシュデータが含まれています。その内容を確認してみましょう。

　まず、`rssReader`という名前のキャッシュには、RSS Readerのプログラム本体、つまりAppシェルが保存されています。

●Cache Storage に保存された rssReader の内容を確認する

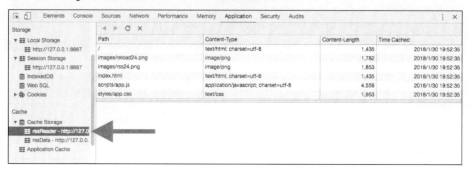

　この内容は、Service Worker のプログラム内で、`filesToCache` という配列に指定したパスのファイルをそのまま含んでいます。ここでも「/」と「`index.html`」は、別々のエントリーとなっていますが、データサイズが同じことから、内容は同じものであることがわかります。

　もう1つの `rssData` には、RSS サイトごとに RSS フィードの内容そのものがキャッシュされています。RSS データは、すべて YQL を通して読み込んでいるので、パスで区別することはできなくなっていますが、リスト表示されているデータの中から1つを選択すれば、その内容を確認することができます。

●Cache Storageに保存されたrssDataの内容を確認する

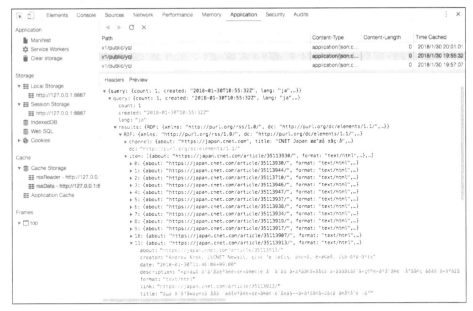

　データは、JSONとして得られる階層的なRSSフィードの内容をそのまま保持しています。各行の先頭の三角マークを操作して、下層のデータを展開しながら表示させ、確認することができます。

　以上のようなデバッグ機能を利用すれば、表面からは見えにくいと思われるPWAの動きも、かなりの部分が可視化され、効率的にデバッグできるようになるでしょう。

第5章　PWAのデプロイ

この章では、作成したPWAをウェブサーバーにアップロードして公開できるようにする「デプロイ」の手順の一例を示すことにします。2-2「ウェブサーバー」でも述べたように、PWAをサーバーでホスティングする際には、HTTPSによるセキュアな接続をサポートすることが必須となっています。最近では、多くのウェブサイトでHTTPS接続が標準的になってきたとはいえ、個人的に、ましてや実験的なウェブアプリのために、HTTPS接続をサポートするサーバーを用意するのはハードルが高いと感じられるでしょう。2-2「ウェブサーバー」でも名前だけは挙げましたが、そんな中で個人のユーザーに無償でHTTPS接続によるウェブホスティング機能を提供しているのがFirebaseです。これはPWAの普及を推進しようとしているGoogleが運営するサービスだからこその措置なのかもしれません。しかし、それ以外の機能や仕様も含めてFirebaseはウェブアプリ開発者にとって、かなり魅力的なサービスです。ここではFirebaseにPWAをデプロイして、全世界的に利用可能する方法を、実例によって具体的に解説します。

5-1　Firebaseのプロジェクト作成

　Firebaseを利用するには、まずFirebaseにGoogleアカウントを登録する必要があります。Googleアカウントをまだ持っていないという人は、このためだけにでも作成しておいてください。

　Firebaseに登録するGoogleアカウントを用意したら、まずFirebaseのサイト（`https://firebase.google.com`）を開きます。

●Firebaseを利用するために、まずFirebaseのトップページを開く

　トップページには、Firebaseを使うメリットが紹介されています。ウェブアプリをホスティングする機能は、Firebaseが提供する多様な機能のほんの一部であって、特にトップページで取り上げて紹介するようなものではありません。とりあえず「使ってみる」という青いボタンをクリックし

ましょう。

　すると、FirebaseにGoogleアカウントを登録する手順が始まります。これは、個人ごとに異なるGoogleアカウントの設定などによって違ってくるので、具体的な手順の説明は割愛します。表示される指示に従えば、何も難しいことはないはずです。

　FirebaseにGoogleアカウントを登録してからトップページの「使ってみる」をクリックすると、こんどは「Firebaseへようこそ」というページが開き、大きな「プロジェクトを追加」ボタンが現れます。

●FirebaseにGoogleアカウントを登録してから「使ってみる」をクリックするとプロジェクト作成画面に移行する

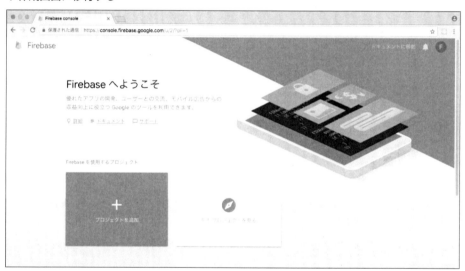

　すでに作成済みのプロジェクトがある場合にには、ここにその一覧も表示されます。初めての場合には、とりあえず「プロジェクトを追加」をクリックしましょう。

　すると「プロジェクトの追加」というダイアログが表示されます。

●Firebaseプロジェクトの作成画面で「プロジェクトを追加」を
クリックすると「プロジェクトの追加」ダイアログが表示される

　ここでは、まず「プロジェクト名」を入力します。ここでは「RSSReader」と入力しました。これは、Firebaseのユーザーが自分のプロジェクトを区別するためのものなので、自分のアカウント内でユニークな名前であれば、何でもよいのです。

　プロジェクト名を入力すると、「プロジェクトID」が自動的に入力されます。このIDは、Firebaseというサービス全体、すべてのユーザーのプロジェクトの中でユニークなものでなければなりません。また大文字・小文字は区別されません。この場合、「rssreader」の後に「-e6c44」という暗号のような文字列が自動的に付加されています。これは、大文字・小文字を区別しない場合の「rssreader」というプロジェクトが他にもあるため、それと区別するためにランダム、かつユニークな文字列が自動

的に追加されたのです。

　実はこのプロジェクトIDは、ウェブアプリをインターネット上に公開する際のURLにも含まれるアプリ名となるものなので、できればランダムな文字列は含まない、覚えやすい名前にしたいところです。そのためには、プロジェクトIDを直接編集して、ユニークな名前を探します。プロジェクトIDの右側に表示された鉛筆アイコンをクリックすれば編集できます。

●「プロジェクト名」を入力すると自動的に提案される「プロジェクトID」は、そのまま使わず、自由に編集することもできる

　この例では「`rss-reader-pwa`」が空いていたので、そのように変更しました。なおプロジェクトIDには、すべて半角のアルファベット（小文字）、数字、ハイフンが使用できます。ついでに「国/地域」のメニューから「日本」を選んでいます。これは、日本に限らず、実際にメインのターゲットとなるユーザーがもっとも多い地域を選ぶべきでしょう。設定した

ら右下の「プロジェクトを作成」ボタンをクリックします。

　これでFirebase側の準備は完了なのですが、もう少しだけ確認しておきましょう。プロジェクトを作成すると、その管理画面に移行します。初めは「Firebaseへようこそ／ここからはじめましょう。」というメッセージが表示されています。

●Firebaseプロジェクトを作成すると、そのプロジェクトの管理画面が開く

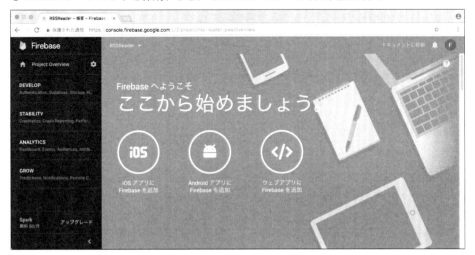

　この画面の左側のコラムには、「DEVELOP」「STABILITY」「ANALYTICS」「GROW」という、一種のメニューが並んでいます。ここでは「DEVELOP」をクリックして、そのサブメニューを展開します。

●左側のコラムにある「DEVELOP」を
クリックしてサブメニューを開く

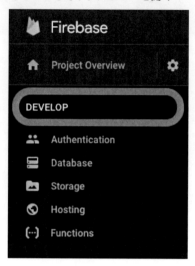

「DEVELOP」のサブメニューの中にはいくつかの項目が並んでいますが、その中にある「Hosting」をクリックします。すると、「Hosting」の管理画面が開きます。

●まだ何もホスティングしていない状態の「Hosting」管理画面

ホスティングに関しては、Firebaseの設定画面で操作しなければならな

いことは、この段階ではありません。できるのは状況を確認することだけです。とりあえず、ここでも「使ってみる」ボタンをクリックしてみましょう。

すると、Firebaseのホスティング機能を利用するための、アプリ側の設定方法がガイドとして表示されます。

●「Hosting」管理画面の「使ってみる」をクリックすると、ホスティングを実現するためのアプリ側の設定方法が表示される

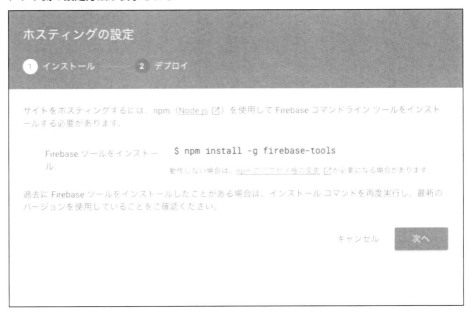

ここでは、アプリを開発している環境にまずインストールすることの必要なnpmコマンドとその使い方が表示されます。さらに「次へ」をクリックすると、npmコマンドによってインストールした`firebase`コマンドの使い方も表示されます。

● 「ホスティングの設定」の2ステップめとして、firebaseコマンドの使い方が表示される

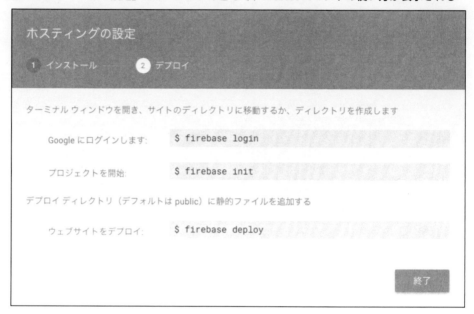

　これらのコマンドは、すべてターミナルを使って実行すべきものです。後でもう一度出てきますが、なんとなくこういうものだということは覚えておいてください。
　ホスティングの設定方法のガイドを見終わると、実際の「Hosting」のダッシュボードが表示されます。

● 「Hosting」の利用状況を表示するダッシュボードの画面

　ここでは、上記のコマンドによって設定され、デプロイされたウェブアプリの履歴が表示されます。この状態では、もちろんまだ何もデプロイされていません。また、このホスティング機能を利用してカスタムドメインに接続する場合には、そのため設定も可能です。それについては本書では扱いません。

　この後は、アプリを開発している環境側の設定を続けます。

5-2　コマンドラインツールのインストール

　アプリ開発環境側の設定には、Firebase側のガイドにも出ていたように、npmと呼ばれるパッケージマネージャが必要となります。このnpmは、ターミナルからコマンドラインツールとして使うものです。単体でインストールできるものではなく、`Node.js`と呼ばれるサーバー向けの

JavaScript実行環境の一部として動作します。つまり、`npm`を利用するには、`Node.js`をインストールする必要があるのです。

　`Node.js`の公式サイトには、ソースコードの他、Windows、macOS、Linux用のバイナリ、さらにWindowsとmacOS用には専用のインストーラーも用意されています。サイトのダウンロードページ（`https://nodejs.org/ja/download/`）からダウンロードすれば、簡単にインストールすることができます。

●Firebase専用のコマンドラインツールをインストールするために、まずNode.jsをインストールする

　macOSの場合には、`Node.js`を直接インストールする代わりに、Homebrew（`https://brew.sh`）というまた別のパッケージマネージャを使って`Node.js`をインストールすることも一般的です。色々なメリットがありますが、興味のある方は、Homebrewのサイトを参照してください。どのような方法であれ、いったん`Node.js`をインストールすれば、以下に説明する操作方法はすべて同じです。

ここからは、すでにNode.jsが正しくインストールされているものと
して、話を進めます。上で示したFirebaseのガイドの「ホスティングの設
定」に従って操作しましょう。本書では、macOSのターミナルを使って作
業するものと仮定しますが、他の環境でも大きく違う部分はないはずです。
まずは、npmを使ってFirebaseのCLI（Command Line Interface）をイ
ンストールします。

```
$ npm install -g firebase-tools
```

　ターミナルを起動して、プロンプトに続いて「npm」以下をタイプしま
す。このコマンドは、どのディレクトリで実行してもかまいません。
　この結果、新たに「firebase」というコマンドが使えるようになり
ます。ここから先はそのコマンドを使っていきます。このコマンドを最初
に使う際には、FirebaseのCLIと、Firebaseに登録したGoogleアカウント
を関連づける操作が必要になります。これは、コマンドラインという環境
からFirebaseにログインするという形になります。このコマンドも、どの
ディレクトリからでも実行できます。

```
$ firebase login
```

　このコマンドを実行すると、自動的にウェブブラウザーが開き、ログイ
ン処理が継続されます。先の手順でFirebaseにログインしてプロジェクト
を作成した環境であれば、新たにパスワードを入力する必要もなく、非常
に簡単な手順で、数クリックだけで完了できるはずです。

5-3　ウェブアプリをFirebaseに対応させる

　次に、ローカルサーバーを使って一通りの動作確認の済んだPWAに、
Firebaseにデプロイするための事前準備の処理を施します。このためには、

まずターミナルの cd コマンドを使って、PWA本体のディレクトリに移動します。PWA本体のディレクトリとは、index.html があるディレクトリのことです。この例では、「~Desktop/RSSReader-PWA/」です。そこで、Firebase の init コマンドを実行します。

```
$ firebase init
```

この結果、Firebase は「Which Firebase CLI features do you want to setup for this folder?」と聞いてきます。これは、このディレクトリに Firebase の CLI のどの機能を設定するのか、という意味です。ここには5つの選択肢が表示されるので、上下の矢印キーで「Hosting」を選んで先に進みます。

●Firebase の CLI で init コマンドを実行すると設定する機能を聞いてくるので「Hosting」を選ぶ

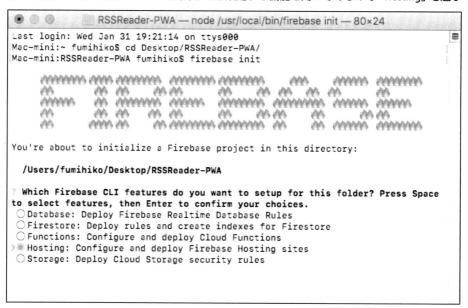

[return]（[Enter]）キーを押すと、こんどは「Select a default Firebase project for this directory」のように、このディレクトリのアプリを設定する Firebase のプロジェクトを選択するように促してきます。

●FirebaseのCLIは「Hosting」を選択した後に、設定するプロジェクトを聞いてくる

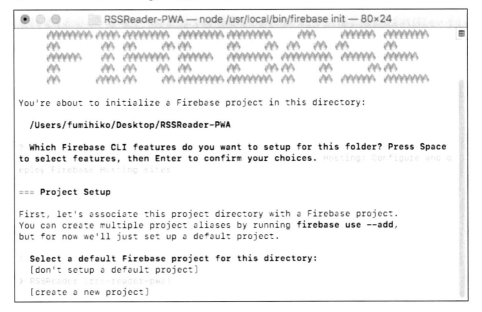

　選択肢は、Firebaseのコンソールで作成してあるすべてのプロジェクト（この例では1つだけ）に加えて「don't setup a default project（デフォルトのプロジェクトを設定しない）」と「create a new project（新しいプロジェクトを作成する）」があります。つまり、この場でFirebaseのプロジェクトを作ることもできるのですが、プロジェクトはコマンドラインで作るよりも、上で示したようにFirebaseのウェブサイトで作る方が簡単のように思われます。

　ここでは、もちろん上で作成した「RSSReader」のプロジェクトを選んで先に進みます。すると、こんどは「What do you want to use as your public directory?」と聞いてきます。これはどこをpublicディレクトリにするか、という質問ですが、言い換えればindex.htmlを置くディレクトリはどこか、ということです。

●プロジェクトを選択した後、どこをpublicディレクトにするのか聞いてくる

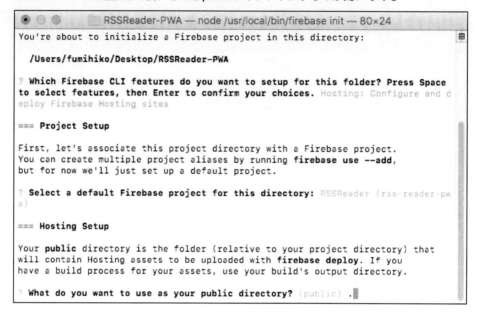

　デフォルトはpublicになっていますが、この例ではすでにindex.htmlのあるディレクトリに移動していて、必要なリソースは、すべてそこより下の階層にあります。そこで、現在のディレクトリを意味する「.(ピリオド)」を指定します。

　すると、こんどは「Configure as a single-page app (rewite all urls to /index.html)?」と聞いてきます。これは、いわゆるシングルページアプリとして設定するのかどうか、ということです。

●publicディレクトの位置を設定すると、こんどはSPAにするかどうかを聞いてくる

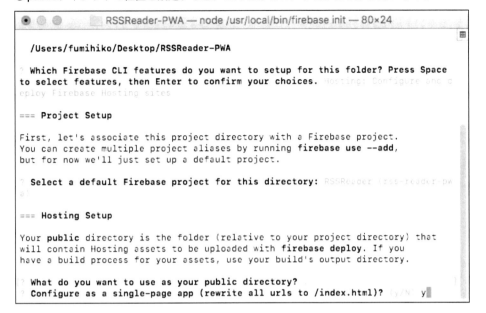

そもそもこのアプリには1つのページしかなく、URLによるルーティングの必要もないので、これは「y」を入力します。

すると最後の質問として「File ./index.html already exists. Overwrite?」と聞いてきます。これは既存の`index.html`を上書きしても良いのかどうか、ということです。

●最後に既存のindex.htmlを置き換えるかどうかを聞いてくる

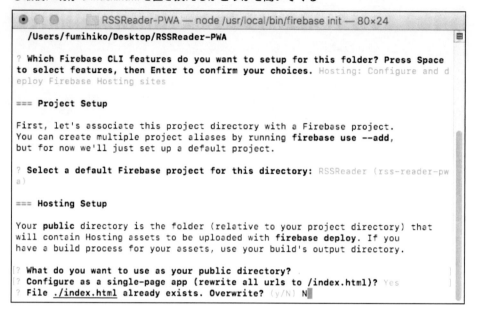

　ここでは既存のものをそのまま使うので「N」を入力します。これで設定はすべて完了です。「firebase.json」と「.firebaserc」という2つのファイルがディレクトリに追加されたことと、「Firebase initialization complete!」というメッセージが表示されて、Firebase CLIによるinit処理が完了します。

●すべての質問が完了し、ウェブアプリを Firebase にデプロイするための事前準備が整った

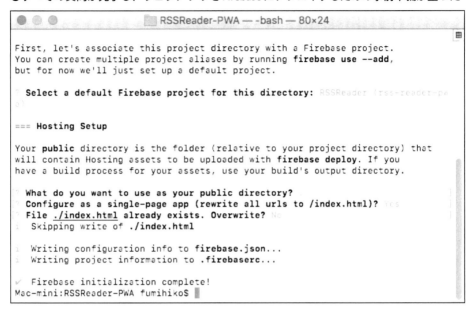

5-4　PWAをFirebaseにデプロイする

　以上の設定が済んでいれば、実際のデプロイは簡単です。Firebase CLIのdeployコマンドを発行するだけです。このコマンドを実行するために必要な情報はすべて入力済みだからです。

```
$ firebase deploy
```

　この結果、ファイルのアップロードの進行状況が表示され、問題なければ「Deploy complete!」と表示されます。

●Firebase CLIのdeployコマンドを実行すれば、実際のデプロイ処理は完了する

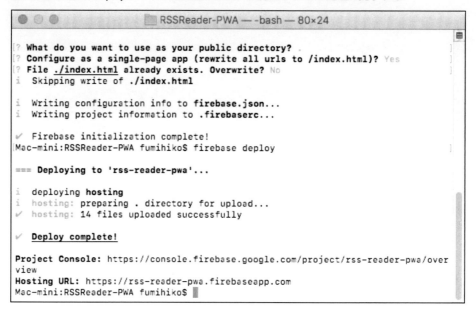

　このとき、デプロイしたウェブアプリをロードするためのURLも、最後に「Hosting URL:」として、さりげなく表示されています。この例の場合は「https://rss-reader-pwa.firebaseapp.com」となっています。Firebaseをカスタムドメインなしで使う限り、ドメイン名の「firebaseapp.com」の部分は固定です。

　実際にこのURLを開いてみる前に、FirebaseのコンソールでHostingのダッシュボードの表示がどうなったか、確認しておきましょう。

●Firebase CLIでデプロイが完了すると、Firebaseのコンソールにも、その結果が履歴として反映される

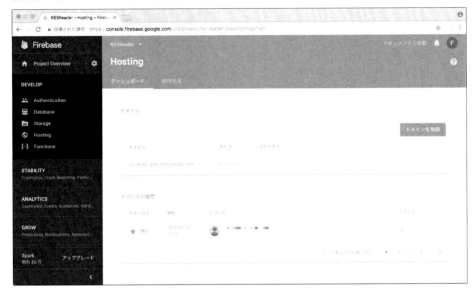

　当然ながら、上のデプロイ処理の結果が履歴に表示されています。プログラムを修正して、再びデプロイすると、新しいデプロイが上に積み重なるように表示されていきます。Firebaseのホスティング機能は、過去にデプロイされたものにロールバック（逆戻りする）機能も備えてます。

　最後に、このホスティングのURLをブラウザーで開いて、確かにPWAが動作することを確認しておきましょう。

●Firebase CLIでデプロイしたPWAを、実際にブラウザーで開いて動作を確認する

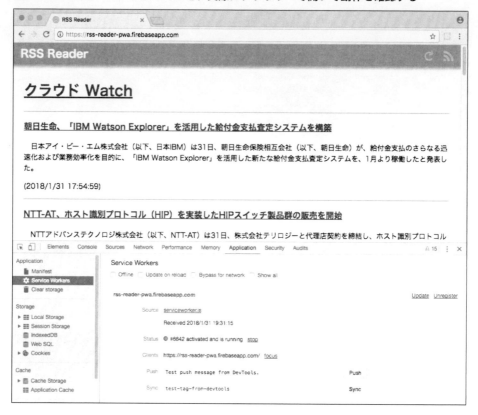

　デベロッパーツールを使って調べると、例えばService Workerを読み込んだURLも、ローカルサーバーではなく「rss-reader-pwa.firebaseapp.com」になっていることが確認できるでしょう。もちろんPWAとしての動作も、デベロッパーツールを使ったデバッグ機能も、第4章「PWAのデバッグ」でローカルサーバーを使って確かめたときと変わらないはずです。一通り確かめてください。

第6章　これからのPWA

ここでは、ここまでの章でカバーしきれなかった内容に加えて、実はまだ発展途上にあるPWAの今後を占うような動きについても触れておきます。PWAへの対応については、先行しているChromeやFirefoxを除くと、まだ各社のブラウザーの足並みが揃っていないのが現状です。ブラウザーと一口に言っても、同じブランドでもPC用のデスクトップ版と、スマホやタブレット用のモバイル版もあって、状況は複雑です。そうした中、PWAがサポートする特徴的な機能の1つであるプッシュ通知についても、各社ブラウザーの対応はまちまちです。そのため、これについて確定的なことを書籍に書くのは、まだ時期尚早という感があるのは否めません。それでも、この機能について何も書かないわけにもいかないので、この章でPWA側の最小限の実装方法と、そのテスト方法について簡単に解説しておきます。また、これまでPWAのサポートについて、消極的だったり、煮え切らないような態度を見せていた2大OSメーカーのマイクロソフトとアップルが、PWAを積極的にサポートする意向であることを示すような動きも出てきました。それについても、現段階では確定的なことは書けませんが、ここではとりあえず現状のiOS上のSafariで、PWA的な動作をさせるためのメタタグの書き方を示しておきます。また次世代のWindows 10でPWAを本格

的にサポートすることを表明したマイクロソフトの動向にも触れておきましょう。

6-1 PWAのプッシュ通知

6-1-1 プッシュ通知の概要

　PWAのプッシュ通知は、基本的にService Workerが提供する機能を使って実現します。従って、Service Workerを実装していないブラウザーでは、この方法によってプッシュ通知を実現することはできません。また、プッシュ通知の動作は、そのService Workerが提供する機能に大きな影響を受けます。一方、実際にプッシュ通知を表示する機能は、ブラウザーそのものではなく、最終的にはそれが動作しているOSが提供することになります。そのため、ブラウザーの動作環境としてのOSの種類、バージョンによっても通知の見栄えや使い勝手が異なることになります。これから示すようなシンプルな例でも、そのPWAの動作環境によって結果が大きく異なることもあります。PWAの機能の中でも、特にプッシュ通知に関しては、想定される実機による入念なテストが必要となるでしょう。

　Service Workerが提供するプッシュ通知のAPIは、大別して2つあります。1つは、その名もズバリのPush API、もう1つはNotification APIです。前者のPush APIは、サーバーからメッセージを受け取るための機能を提供します。これは、ユーザーがそのPWAを使っていないときでも、サーバーからのメッセージがあれば、それに対処できるようになっています。すでに述べたように、一種の常駐プログラムとして機能するService Workerならではの機能と言えるでしょう。後者のNotification APIは、プッシュ通知をユーザーに対して表示するためのものです。これには、すでに述べたように、最終的にはOSの機能を利用することになりますが、その部分の

160 第6章 これからのPWA

コードをPWAの開発者が書く必要はありません。

いずれのAPIも、まだ「実験段階の機能」とされていますが、現状の仕様はウェブ上で公開されています。ここではAPI自体について詳しく解説することはできませんが、必要に応じて以下のURLを参照してください。

▼「Push API」

```
https://developer.mozilla.org/ja/docs/Web/API
/Push_API
```

▼「Notification API」

```
https://developer.mozilla.org/ja/docs/Web/API
/Notifications_API
```

以下では、PWAとしてプッシュ通知を実現するための最小限のプログラミングの実例を示します。またブラウザーのデバッグ機能を使って、そのプッシュ通知機能をテストする方法についても述べます。ただし、言うまでもないことですが、プッシュ通知はあくまでもサーバーが発行するものです。本書ではサーバー側の機能や実装については完全にカバー範囲外となるため、それについては何も触れません。ただし、前章で紹介したFirebaseを使えば、プッシュ通知も比較的簡単に実装できるはずです。実際にプッシュ通知機能を実現するには、まずはそのあたりから着手するのが良いでしょう。

6-1-2　プッシュ通知への対応

●ユーザーの許可を得る

プッシュ通知を受け取るには、まずユーザーの許可が必要となります。言い換えれば、ユーザーが許可しなければ、いくらPWAがプッシュ通知機能を実装していても、通知は表示されないということになります。ユーザーに対してプッシュ通知に対する許可を求めるには、Notification API

を使って、以下のようなJavaScriptのコードで許可をリクエストします。

```
Notification.requestPermission(function(status) {
  console.log('Notification permission requested:',
status);
});
```

　このコードは、通常はPWAが最初に起動した時に一度だけ実行すればよいでしょう。場所は、本書のRSSリーダーの例で言えば、**app.js**の末尾に近い部分で、このファイルがロードされるときに自動実行されるような位置に書いておけばよいのです。

　この結果、ブラウザーはユーザーに対してポップアップやダイアログを表示して、プッシュ通知を許可するかどうかを尋ねます。実際の例は、このあと、プッシュ通知のテストの部分で示します。

●プッシュ通知のイベントを受け取って表示する

　ユーザーの許可を得るためのコードを実行して承諾を取っておけば、あとはサーバーからのプッシュ通知に対応して随時通知を表示することができます。そのためには、プッシュ通知に対するイベントに対応する処理を、Service Workerの中に記述しておき、その中でプッシュ通知を表示します。

　Service Worker内でのイベント処理の書き方は、すでに見てきたような**install**、**activate**、**fetch**といった他のService Workerのイベントに対するものと基本的に同じです。例えば、単純に「プッシュ通知を受信しました！」というメッセージを表示するには、**push**イベントに対するリスナーとして、以下のように書くことができます。

```
self.addEventListener('push', function(event) {
  console.log('Push Notification Received', event);
  if (Notification.permission == 'granted') {
    event.waitUntil(
```

```
    self.registration.showNotification('プッシュ通知を
受信しました!').then(function(showEvent) {
        console.log('Notification Showed!',
showEvent)
    }, function(error) {
        console.log(error);
    })
  );
  }
});
```

　この中では、最初にプッシュ通知を受信したことを示すログをコンソールに出力したあと、すでにプッシュ通知に対するユーザーの許可が得られているかどうかを、Notification APIを使って調べます。得られている（granted）場合には、Service Workerの**showNotification**ファンクションを使って、1行のメッセージを表示しています。

　これによって、実際にどのような通知が表示されるのかは、ブラウザーやOSによって異なります。特にモバイル用のブラウザーの場合には、メッセージに加えてオプションを指定して、以下のように書くこともできます。

```
self.registration.showNotification(message, option);
```

　このオプションでは、JSON形式のデータにより、メッセージに加えてアイコンを表示したり、携帯端末のバイブレーション機能を起動したりすることも可能になっていたりします。ただし、そうした機能を持たない現状のPC用ブラウザーでは、オプションを指定すると、それに対応できないためか、プッシュ通知そのものが表示されなくなってしまうこともあるので、注意が必要です。実際のアプリケーションでは、PWAの動作環境、ブラウザーの種類などを調べて、それに応じて通知の表示方法を変更するなどの措置が必要でしょう。

プッシュ通知を表示するためのコードは、PWA の JavaScript コードの中に
ファンクションとして書くこともできます。その場合には Service Worker
によるプッシュ通知の受信処理の中で、そのファンクションを呼び出すこ
とになります。

```
function displayNotification() {
  if (Notification.permission == 'granted') {
    navigator.serviceWorker.getRegistration()
.then(function(reg) {
      reg.showNotification('通知が届きました！');
    });
  }
}
```

　もちろん、この displayNotification というファンクション名
は、どんなものでも構いません。PWA 本体の JavaScript コードの中でも
Notification API を使ってユーザーの許可が得られているかどうかを調べ
ることが可能です。また、Service Worker の showNotification ファ
ンクションを利用することも可能です。これによって、動作環境に関わら
ず、通知を表示することができます。

●通知に対する操作のイベント処理

　ユーザーが、表示された通知の上をクリック（タップ）した場合への対
応も、Service Worker 内の notificationclick というイベントに対
する処理として記述することができます。

```
self.addEventListener('notificationclick',
function(event) {
  console.log('Notification Clicked.',
event.notification.tag);
```

```
  event.notification.close();
});
```

　この例は、コンソールに「Notification Clicked.」というログを出力してから、通知を閉じているだけですが、もちろんこの中には、アプリの機能に応じてさまざまな処理を書くことができます。なお、OSによって、通知がクリックされた際に、あるいは通知を表示してから一定時間が経過することで、自動的に通知を閉じるものもあります。その場合には、明示的に通知を閉じる処理は不要となります。ここでも実際のPWAでは、動作環境に応じた対処が必要となるでしょう。

6-1-3　プッシュ通知のテスト方法

　プッシュ通知に対するイベント処理や、通知の表示そのものについては、サーバー側に通知機能を用意しなくても、ブラウザーのデバッグ機能を使って動作を確認することができます。第4章「PWAのデバッグ」でも軽く触れたように、ChromeのデベロパーツールのApplicationペーンで、サーバーからのプッシュ通知をシミュレートすることができます。ただし、ブラウザー自体がプッシュ通知を受け取る設定になっていないと、プッシュ通知を受信しても何も起こりません。そこで、まず念のために、その設定を確認しておきましょう。

　まずChromeの「環境設定」を開き、そのページの最下部にある「詳細設定」をクリックして、設定の表示を拡張します。

第6章　これからのPWA　**165**

●Chromeの詳細設定画面

　さらにその中の「コンテンツの設定」をクリックして、アプリやサイトごとの設定ページを開きます。

●Chromeのコンテンツの設定画面

この中にある「通知」が目的の設定です。そこをクリックして通知の設定ページを開きます。

●Chromeの通知の設定画面

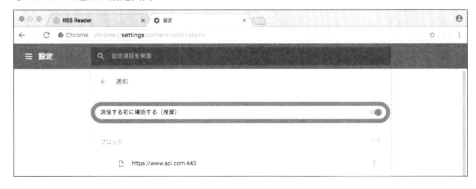

プッシュ通知を表示するために、このページの最上部にある「送信する前に確認する（推奨）」という状態になっている必要があります。右側のスイッチがオンになっている状態です。これがオフだと「ブロック」という状態になり、プッシュ通知は無条件で拒否されるようになってしまいます。

　プッシュ通知を確認する状態になった状態で、プッシュ通知機能を備えたPWAを起動すると、最初の起動の際に「...が次の許可を求めています/通知の表示」のようなポップアップが、アドレスバーの左端の部分から表示されます。

●通知の表示の許可を求めるポップアップ

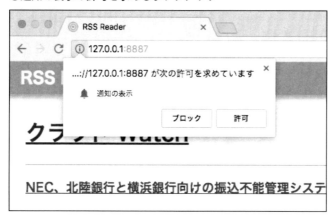

　この例では、Web Server for Chromeを使ってローカルのサーバーを立ち上げ、そこからPWAを起動しています。そのため、上のメッセージの「...」の部分には、ローカルサーバーのURLが表示されています。ここでサンプルとして使用するPWAは、RSS Readerに、上で示したようなプッシュ通知に対応するコードを書き加えたものです。

　言うまでもなく、プッシュ通知を表示するためには、ポップアップ上にある「許可」をクリックします。念のために先ほどの環境設定の「通知」の設定画面で確認すると、許可した「`http://127.0.0.1:8887`」のアプリが「許可」の領域に含まれているはずです。

●通知の設定画面で許可されたアプリを確認する

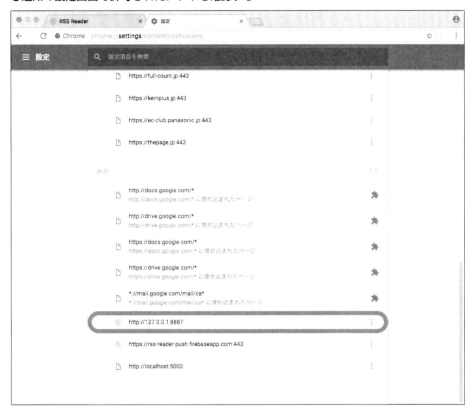

　Chromeのデベロパーツールで、擬似的なプッシュ通知を送信するには、ApplicationのService Workersページで、「Push」ボタンをクリックします。

●「Push」ボタンをクリックしてプッシュ通知を送信する

　PWAのプッシュ通知対応機能が正しく動作していれば、開発環境にプッシュ通知が表示されるはずです。

●擬似的なプッシュ通知に対して通知が表示された

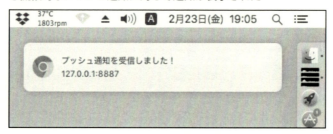

　このとき、デベロパーツールのConsoleを確認すると、上で示したコードに仕込んだ`console.log`ファンクションによって、プッシュ通知を受け取って表示したことを示すログが表示されています。

●プッシュ通知を受け取って表示したことを示すログ

さらに表示されたプッシュ通知のダイアログ内をユーザーがクリックすると、Service Workerの`notificationclick`イベントが発生することも、Consoleに表示されるログによって確かめることができます。

●プッシュ通知がクリックされたことを示すログ

このようにして、デベロッパーツールを使って、プッシュ通知機能をデバッグすることができます。

6-2　iOS（モバイルSafari）への対応

アップルも、ようやく重い腰を上げ、Safariのバージョン11.1以降でService Workerをサポートすることを発表しました。本書執筆時点ではまだ、このバージョンは正式版はリリースされていません。Safariでの本格的なPWAのサポートは、そこが出発点ということになるでしょう。

▼「What's New in Safari」
https://developer.apple.com/library/content/releasenotes/General/WhatsNewInSafari/Articles/Safari_11_1.html

●Safariでも11.1からService Workerをサポートすることを発表したリリースノート

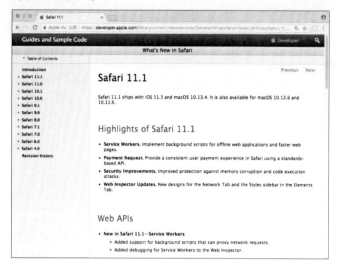

　とはいえ、iOS用のSafariでは、以前からウェブアプリを「ホーム画面に追加」することで、あたかもPWAのように動作させる、独自の機能を備えていました。ただし、それは一般的なPWAとは異なるもので、本書で説明してきたようなPWAを作成しても、PWAをサポートするブラウザーと同じようには動作しません。具体的には、オフライン動作などができないのは当然としても、そのままではホーム画面にアプリのアイコンすら表示されないのです。実は、SafariのPWAもどきの機能は、Safari独自のメタタグによってサポートされています。ここで、そのタグについて詳しく説明することはできませんが、アップルはドキュメントを公開しているので、必要に応じて参照してください。

▼「Supported Meta Tags」

```
https://developer.apple.com/library/content
/documentation/AppleApplications/Reference
/SafariHTMLRef/Articles/MetaTags.html
```

●SafariでPWAもどきの動作を実現するためのメタタグのドキュメント

　ここでは、その中のタグを組み合わせて、ホーム画面に追加したウェブアプリにアイコンを付ける方法だけを示します。

```
<meta name="apple-mobile-web-app-capable" content="yes">
<meta name="apple-mobile-web-app-status-bar-style" content="white">
<meta name="apple-mobile-web-app-title" content="アプリ名">
<link rel="apple-touch-icon" href="icons/icon-152x152.png">
```

　このようなmetaタグとlinkタグを、他のmetaタグやlinkタグと同様にheadタグの中に入れておけば、ホーム画面に追加したウェブアプリのアイコンと名前を指定し、ステータスバーの色までも指定することができます。もちろん「アプリ名」の部分は、実際のアプリ名を書き、アイコンファイルへのリンクには、パスも含めて、実際のアイコンのファイル名を書いてください。

6-3 MicrosoftのPWA戦略

　Microsoftは、すでに1年以上前から、将来はPWAをサポートすることを表明していましたが、しばらくはそのままの状態が続いていました。しかし、ここにきて（2018年2月6日の開発者向けブログ）いっきに具体的な動きを見せ始めました。

▼「Welcoming Progressive Web Apps to Microsoft Edge and Windows 10」
```
https://blogs.windows.com/msedgedev/2018/02/06
/welcoming-progressive-web-apps-edge-windows-10
/#z0d6qeWUzWSaEy4t.97
```

●次世代のWindows 10ではPWAを全力でサポートすることを宣言したブログ

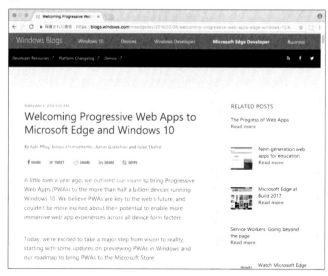

　そのアナウンスには、いくつかの異なる内容が含まれています。まず1つは、現在のWindowsの標準ブラウザーであるEdgeの開発者向けプレビュー版、EdgeHTML 17.17063以降では、プッシュ通知に対応する機能も含むService Workerをサポートし、Windows 10によってPWAを本格

的にサポートするための基盤を形成するというものです。

これは、もちろん歓迎すべきことです。しかし、ブラウザーによるサポートだけであれば、現在でもWindows上でChromeを使えば済むことです。しかし、Microsoftは、PWAを「ホーム画面にインストール可能なウェブアプリ」以上のものとして扱うことを宣言しています。それは、PWAをWindows用の第1級のアプリ（first-class app citizens in Windows）とみなすことです。そのためにMicrosoftは、パッケージングされたPWAを、開発者がMicrosoft Storeにアップできるようにします。もちろんユーザーは、通常のWindows専用ネイティブアプリと同様に、ストアの中でPWAを検索し、ダウンロードしてインストールできるようになります。一般的なPWAは、ユーザーが目的のアプリを探す際に、ウェブ検索にはひっかかっても、各社のアプリのストア内での検索ではみつけられないという特性があります。それが1つの欠点であるとすれば、Microsoftは、まさにその欠点を完全に解消しようとしているのです。このストアアプリとしてのPWAのサポートは、今のところ具体的なバージョンは不明なのですが、「Windows 10の次のリリースから」ということになっています。

アプリをMicrosoft Storeにアップロードできるようにするためのパッケージングとは、つまりAppX形式のUWP（Universal Windows Platform）アプリを作成するということになります。それを手軽に実現するため、Microsoftは「PWA Builder」なるものを作成し、すでにウェブ上で利用できるようにしています。

▼「PWA Builder」

```
https://www.pwabuilder.com/generator
```

●マルチプラットフォーム対応のPWAを手軽に作成できるようにするMicrosoftのPWA Builder

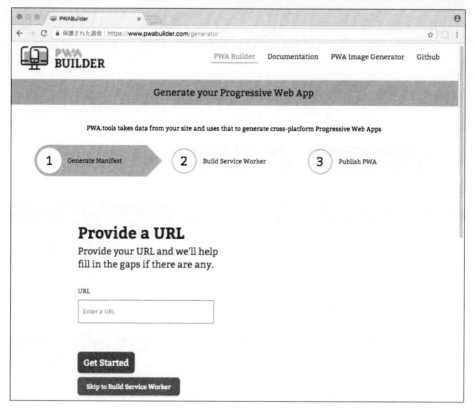

　このPWA Builderという名前からすると、一般的なウェブアプリからPWAを生成する機能を持ったものを想像します。それは半分は正しいのですが、あとの半分は間違っている、とまでは言わないものの、それだけではPWA Builderの持つ重要な機能を見落としていることになります。それは、上で述べたようなMicrosoft Storeにアップロード可能な、AppX形式のアプリを生成する機能です。また、このPWA Builderは、「マルチプラットフォーム対応」というところがミソです。一般的なウェブブラウザー用のPWAに加え、上で述べたようなWindows Store用にパッケージングされたPWA、さらにAndroidやiOSに最適化されたPWAも生成することができます。もちろん現状のiOS用のSafariは、PWAをサポートしていないので、いわゆるポリフィルを利用して必要な機能を補ったPWAを生成し

てくれるようです。ただし、特にWindows 10ストアアプリ対応について
は、まだベータ版であることが明言されていて、その他のプラットフォー
ム用の機能も含めて、今後このPWA Builderは大きく進化していくものと
思われます。

　それでも、PWA Builderは、すでにそれなりの動作を実現しているので、
ここでざっと作業の流れだけでも確認しておきましょう。それは大きく3
つのステップに別れています。

1）Manifestの生成
2）Service Workerの構築
3）PWAの公開

　これは本書で解説してきたような手動によるPWAの作成過程を、半自動
化するものと考えられます。

　まず最初のステップでは、ウェブアプリを公開しているURLを入力する
と、そこから必要な要素を読み込んで、Manifestを生成してくれます。

●PWA Builderの最初のステップでは、ウェブアプリのURLを入力すると、自動的にManifestを生成してくれる

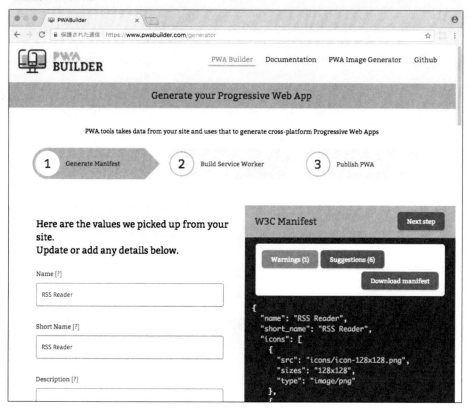

　もちろん、Manifestで指定するアイコンファイルなどは、開発者が提供する必要があります。また、もしURLで指定したウェブアプリが、すでにある程度PWA化されていた場合、つまりManifestファイルを含んでいた場合には、ちょうどChromeのデベロッパーツールのように、そのManifestの内容を表示します。さらに各種のプラットフォームに対して適切なものであるかを診断し、ワーニングやアドバイスを提示する機能も備えています。

　PWA Builderの次のステップでは、Service Workerを構築します。ここではPWAとしての基本的なオフライン動作もサポートするService Workerを出力してくれます。

●PWA Builderの2番目のステップでは、オフライン動作対応のService Workerを生成してくれる

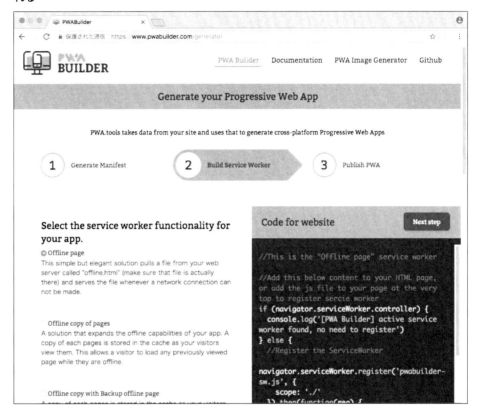

　ただし、アプリの本体のJavaScritpコードも含んだ、ある程度複雑なキャッシュ処理については、やはり手動で開発するしかないでしょう。本書で取り上げた例で言えば、Temp Converter用のService Workerの生成なら、自動でも問題なさそうですが、RSS ReaderをPWA化するためのService Workerについては、それ以外のJavaScriptコードも含めて、開発者があれこれと手を入れる必要があるでしょう。

　PWA Builderの最後のステップでは、これまでのステップを通して生成したPWAをダウンロードできるような形式で提供してくれます。

●PWA Builderの3番目のステップでは、生成した各種プラットフォーム対応のPWAをダウンロードできる

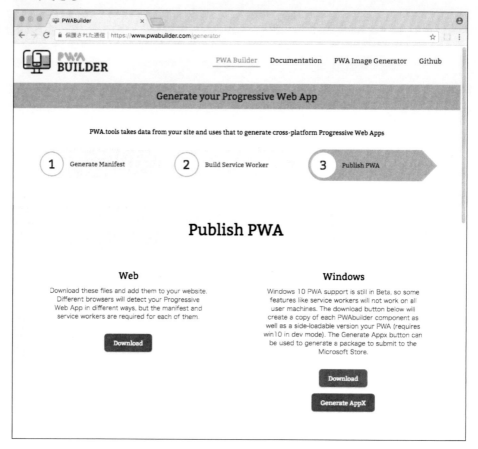

　これらの機能は、まだ提供が始まったばかりで、いきなり実戦投入できるようなレベルを期待するのは難しいように思われます。とはいえ、このPWA Builderの目指している機能は、かなりレベルの高いもので、成熟してくれば、PWA開発はもちろん、Windows Storeアプリ開発のための大きな力となることが期待できるでしょう。

著者紹介

柴田 文彦 （しばた ふみひこ）

1984年東京都立大学大学院工学研究科修了。同年、富士ゼロックス株式会社に入社。1999
年からフリーランスとなり現在に至る。
大学時代にApple IIに感化され、パソコンに目覚める。当時の8ビットパソコンで実行可能
だったプログラミング言語を手当たりしだいに独学し、在学中から月刊I/O誌、月刊ASCII
誌に自作プログラムの解説などを書き始める。就職後は、カラーレーザープリンターなど
の研究、技術開発に従事し、米ゼロックスPARCとの共同研究を通して、元祖オブジェクト
指向開発環境にも触れる。退社後は、Macを中心としたパソコンの技術解説記事や書籍を
執筆するライターとして活動。
最近では原点に戻ってプログラミングに関する記事、書籍の執筆に注力している。プログ
ラミングこそ、パソコン本来の楽しみであり、人間の創造性を高める活動の最たるものと
信じ、一人でも多くの人にその喜びを味わっていただくことを目指して活動している。

◎本書スタッフ
アートディレクター/装丁：岡田 章志＋GY
編集：向井 領治
デジタル編集：栗原 翔

●本書の内容についてのお問い合わせ先
株式会社インプレスR&D　メール窓口
np-info@impress.co.jp
件名に『本書名』問い合わせ係」と明記してお送りください。
電話やFAX、郵便でのご質問にはお答えできません。返信までには、しばらくお時間をいただく場合があります。な
お、本書の範囲を超えるご質問にはお答えしかねますので、あらかじめご了承ください。
また、本書の内容についてはNextPublishingオフィシャルWebサイトにて情報を公開しております。
https://nextpublishing.jp/

●落丁・乱丁本はお手数ですが、インプレスカスタマーセンターまでお送りください。送料弊社負担にてお取り替えさせていただきます。但し、古書店で購入されたものについてはお取り替えできません。
■読者の窓口
インプレスカスタマーセンター
〒101-0051
東京都千代田区神田神保町一丁目105番地
TEL 03-6837-5016／FAX 03-6837-5023
info@impress.co.jp

■書店／販売店のご注文窓口
株式会社インプレス受注センター
TEL 048-449-8040／FAX 048-449-8041

プログレッシブウェブアプリ PWA開発入門

2018年3月23日　初版発行Ver.1.0（PDF版）
2018年7月13日　Ver.1.1

著　者　柴田 文彦
発行人　井芹 昌信
発　行　株式会社インプレスR&D
　　　　〒101-0051
　　　　東京都千代田区神田神保町一丁目105番地
　　　　https://nextpublishing.jp/
発　売　株式会社インプレス
　　　　〒101-0051　東京都千代田区神田神保町一丁目105番地

●本書は著作権法上の保護を受けています。本書の一部あるいは全部について株式会社インプレスR&Dから文書による許諾を得ずに、いかなる方法においても無断で複写、複製することは禁じられています。

©2018 Shibata Fumihiko. All rights reserved.
印刷・製本　京葉流通倉庫株式会社
Printed in Japan

ISBN978-4-8443-9819-6

NextPublishing®
●本書はNextPublishingメソッドによって発行されています。
NextPublishingメソッドは株式会社インプレスR&Dが開発した、電子書籍と印刷書籍を同時発行できるデジタルファースト型の新出版方式です。https://nextpublishing.jp